U1020582

机械制造与自动化应用

安惠玲　高云鹏　乔学宁　著

中国建材工业出版社
北　京

图书在版编目(CIP)数据

机械制造与自动化应用/安惠玲,高云鹏,乔学宁著. --北京:中国建材工业出版社, 2024. 12. --ISBN 978-7-5160-4207-6

Ⅰ. TH164

中国国家版本馆 CIP 数据核字第 2024LW1425 号

机械制造与自动化应用

JIXIE ZHIZAO YU ZIDONGHUA YINGYONG

安惠玲　高云鹏　乔学宁　著

出版发行:中国建材工业出版社
地　　址:北京市西城区白纸坊东街 2 号院 6 号楼
邮　　编:100054
经　　销:全国各地新华书店
印　　刷:北京印刷集团有限责任公司
开　　本:710mm×1000mm　1/16
印　　张:10.5
字　　数:160 千字
版　　次:2025 年 6 月第 1 版
印　　次:2025 年 6 月第 1 次
定　　价:39.80 元

本社网址:www.jskjcbs.com,微信公众号:zgjskjcbs
请选用正版图书,采购、销售盗版图书属违法行为

目录

第一章　机械制造基础

任何机械或器具都是由零件构成的，而零件又是由各类材料经过加工制成的。通过对大量机械零件失效的机理分析发现，材料选择合适与否和零件加工过程的好坏是影响机械零件寿命和使用可靠性的最重要的两个因素。材料的性能包含工艺性能和使用性能两方面。材料的工艺性能是指制造工艺过程中材料适应加工的性能，通常指其铸造性能、锻压性能、焊接性能、切削加工性能和热处理性能等。材料的使用性能是指金属材料在使用条件下所表现出来的性能，它包括力学性能、物理和化学性能。下面就各类材料的特性、分类以及加工方法做一些简单的介绍，这些也是机械制造领域工程师所应掌握的最基本的知识。

第一节　工程材料的理论

材料是用来制造器具、构件和其他使用物质的总称，是人类生产和生活必需的物质基础，是科学技术进步的基础。材料技术的不断发展，为整个科学技术的进步提供了坚实的基础，而科学技术整体的进展，对材料的品种和性能提出了更高的要求，从而又刺激了材料技术的高速发展。

材料技术的发展史同人类社会的发展史一样悠久。纵观人类利用材料的历史，可以清楚地看到，每一种重要的新材料的发现和应用，都使人类支配自然的能力提高到一个新的水平。材料科学技术的每一次重大突破，都会引起生产技术的革命，大大加速社会发展的进程，并给社会生产和人们生活带来巨大的变化。历史学家曾把材料及其器具作为划时代的主要标志，如石器时代、青铜器时代、铁器时代等，由此我们不难看出材料在社会进步过程中的巨大作用。

材料的品种繁多、应用广泛，并没有统一的分类标准。若按材料的基本性质与结构划分，可分为金属材料、无机非金属材料、有机高分子材料和复合材料四大类。若按材料的使用性能划分，可大致归为两大类：一类是结构材料，主要是利用它们的力学强度；另一类是功能材料，主要是利用它们的电、光、声、磁、热等效应和功能。若按物质形态划分，可分为单晶材料、多晶材料、非晶态材料、复合材料四类。就材料的加工方式而言，有天然材料，它是自然界原来就有的，如沙、石、木材等；有非天然材料，它是人们利用自然的原料加工或合成出来的，如钢铁、水泥以及各种复合材料、合成材料等。

人们通过科学研究和技术开发，源源不断地向国民经济的各部门提供所需的各种新材料，这些新材料技术为经济的发展提供了强有力的保证。

所谓新材料或者新型材料，是指那些新近发展或正在发展中的、具有优异性能和特殊功能，对加速科学技术进步、促进国民经济的发展、增强国防实力具有重大推动作用的材料。新型材料是相对于传统材料而言的，两者之间并没有截然的分界，新型材料的发展往往以传统材料为基础，传统材料进一步发展也可成为新型材料。

新材料是以科学技术的最新成就为基础的，其性能超群、应用广泛，对发展经济、科技、国防都具有特殊重要的作用。因此，各国都将新材料研究开发工作置于特殊地位，竞相制定发展规划，采取各种措施，力争抢占新材料技术的“制高点”，以推动本国在各个高技术领域持续稳定发展。

一、金属材料

在浩瀚的材料世界里，金属王国地盘最大、历史最久。打开元素周期表，在人类已经发现的118种元素中，其中大多数都和“金”字沾边。当今世界，由金属构成的各种材料已经成为工农业生产、人民生活、科学技术和国防发展的重要物质基础。可以毫不夸张地说，离开了金属材料的“钢筋铁骨”，整个世界将变得面目全非。金属材料分为钢铁金属材料和非钢铁金属材料两大类。金属材料技术也分为钢铁冶金、非钢铁冶金以及相关的加工成形技术。

（一）钢铁金属材料

广义的钢铁金属指铁、铬、锰等金属和碳、硅、硫、磷等非金属元素的合金，狭义的钢铁金属仅指铁及其合金。铁在地壳中的含量为4.75%，仅次于铝，是当前应用最广、用量最大的金属。根据其含碳量不同，钢铁分为碳钢和铸铁：含碳量不大于2.11%的称为碳钢，含碳量不小于2.11%的称为铸铁。

以钢铁为代表的钢铁金属材料是一百多年来的基本结构材料，近代大工业基本上是在钢铁材料的基础上发展起来的，钢铁产量往往成为衡量一个国家工业水平和生产力的尺度。在整个结构材料中，钢铁应用的比例最大，仍占主导地位。这是由于钢铁具有多种良好的物理、力学性能，且资源丰富、价格低廉、工艺性能好、便于加工制造。

现代工业的发展离不开钢铁，而且对钢铁提出了更多的要求。例如，开发海洋用的钢材要求耐高压和耐海水腐蚀，发展空间技术要求钢材质量小、强度高和耐高温等。在社会需求的推动下，钢铁冶炼技术进展很快，先后创造出了各种合金钢。所谓合金钢，就是在钢里加入铬、镍、钨、钛、钒等元素，这些元素能够使钢增加某个方面的特殊性能。合金钢的种类很多，常用的有合金结构钢、弹簧钢、高速工具钢、滚珠（柱）轴承钢、不锈钢等。经济的发展，迫使人们不断改善钢铁材料的性能，以质代量，减少钢材的消耗，这是当前世界钢铁生产发展的趋势。

（二）非钢铁金属材料

非钢铁金属是指除了钢铁金属以外的其他金属，常用的有铝、铜、钛、镍、钴、钨、钼、锡、铅、锌、金、银、铂等。它们的耗用量虽比钢铁少得多，但却是现代工业所不可缺少的。它们有许多特殊的优良性能，如导电或导热性能好、比重小、化学性质稳定、耐热、耐腐蚀、工艺性好等，因此，非钢铁金属被广泛用于电气、机械、化工、电子、轻工、仪器仪表和航空航天技术领域。

在非钢铁金属中用途最广泛的是铝，铝制品几乎深入到我们生活的各个角落。家家户户使用的烹饪器皿、厨房用具很多是铝制品。铝还可以制造各种家具、电器用品、船舶、建筑材料、电缆、管道、机械、储油罐等。

铝在地壳中的含量比铁多近1倍，约占地壳总质量的7.5%，在金属中占首位。铝中只要加入铜、镁，即可炼成坚韧的铝合金。铝合金强度高、质量小、用途广、导电性能良好，外表氧化铝层保护膜还可耐腐蚀，已成为第二位广泛应用的金属。

铜及其合金也是被广泛使用的有色金属。铜是人类最早知道并用于生产的第一种金属。铜在自然界的储量非常丰富，在地壳中的含量约为0.01%，并且加工方便。最初人们使用的只是存在于自然界中的天然单质铜，用石斧把它砍下来，便可以锤打成多种器具。生产的发展促使人们找到了从铜矿中取得铜的方法。含铜的矿物比较多见，大多具有鲜艳而引人注目的颜色，例如金黄色的黄铜矿、鲜绿色的孔雀石、深蓝色的石青等，把这些矿石在空气中焙烧后形成氧化铜，再用碳还原，就得到金属铜。目前高纯铜多采用电解法生产，故常称为电解铜，纯度可达99.99%。纯铜因其强度低使其工业应用受到限制，实际广泛使用的是铜合金。最常见的是黄铜、青铜和白铜。纯净的铜呈紫红色，俗称紫铜、红铜或赤铜。纯铜富有延展性，像一滴水那么大小的纯铜，可拉成长达两千米的细丝，或压延成比床还大的几乎透明的箔。纯铜最可贵的性质是导电性和导热性很好，仅次于银，但比银要便宜得多，因此成了电气工业的“主角”。纯铜的用途比纯铁广泛得多，每年有50%的铜被电解提纯为纯铜，用于电气工业。黄铜是铜与锌的合金，因色黄而得名。黄铜的力学性能和耐磨性能都很好，可用于制造精密仪器、船舶的零件等。黄铜敲起来声音好听，因此锣、钹、铃、号等乐器都是用黄铜制作的。青铜是铜与锡的合金，因色青而得名。青铜一般具有较好的耐蚀性、耐磨性、铸造性和优良的力学性能，用于制造精密轴承、高压轴承、船舶上耐海水腐蚀的机械零件以及各种板材、管材、棒材等。青铜还有一个反常的特性——“热缩冷胀”，用来铸造塑像，冷却后膨胀，可以使眉目更清楚。白铜是铜与镍的合金，其色泽和银一样，银光闪闪，不易生锈，常用于制造电器、仪表和装饰品。

二、无机非金属材料

人类在远古时代就开始使用无机非金属材料——陶瓷。随着近代工业和科学技术的进步，无机非金属材料更有新的发展。所谓无机非金属材料，主要指含有 SiO_2 的材料，故又称硅酸盐材料，包括陶瓷、玻璃、水泥、耐火材料等。

（一）陶瓷

陶瓷是比金属还要古老的材料，是人类最早利用自然界所提供的原料制造而成的材料。旧石器时代的先民们只会把采集的天然石料加工成器皿和工件，经历了很长的发展和演变过程，以黏土、石英、长石等矿物原料配制而成的瓷器才登上了历史的舞台。从陶器发展到瓷器，是陶瓷发展史上的重大飞跃。由低熔点的长石和黏土等成分配合，在焙烧过程中形成流动性很好的液相，冷却后成为玻璃态，形成釉，使瓷器更加坚硬、致密和不透水。从传统陶瓷发展到先进陶瓷，是陶瓷发展史上的第二次重大飞跃，这一过程始于20世纪40—50年代，目前仍在不断发展。陶瓷除了具有耐高温、耐腐蚀、不生锈等优点外，还具有美丽的釉色。中国的景德镇瓷器和唐三彩陶器都是誉满天下的陶瓷制品。

现代科学技术又创造出了新型陶瓷，按其使用性能来看，新型陶瓷大致分为先进结构陶瓷和先进功能陶瓷两大类。前者是发挥陶瓷材料的优点，并力图攻克陶瓷的致命弱点——脆性问题；后者主要利用材料的电磁、光、热、弹性等方面直接的或耦合的效应来实现某种使用功能。例如，金属陶瓷能耐腐蚀又有金属韧性；氧化铝陶瓷的硬度甚至接近金刚石，可用作磨料；光学陶瓷具有很好的透明度，既能耐高温又有机械强度，可用作工业电视观察镜、防弹窗等；氧化铝陶瓷有很好的导电性，可用于高温电子元件；氮化硅陶瓷不仅有足够的强度和硬度，还能耐高温，有抗冷热急变的能力，更是一种用途广泛的工程陶瓷，可用于高温轮机叶片、燃烧罐、干式轴承之中。

（二）玻璃

玻璃是一种特殊的陶瓷材料，与陶瓷并无不可逾越的界限。它既有耐酸、耐腐蚀的化学稳定性，又有仅次于金刚石的硬度，还有很好的透光性，它内部的分子结构像液体一样杂乱无章，是一种具有类似液体结构的固体材料。

普通玻璃是用石英石（SiO_2）作主体，加入助熔剂纯碱和起稳定作用的石灰石，在1500℃左右的温度下烧制而成的。在烧制过程中，原料被熔化成液体后，再在比较短的时间内快速冷却，这样内部的分子还没有来得及结晶就在液体状态下凝固了，成为透明的玻璃。

现代技术更发展了具有特殊色散的光学玻璃，可以制作成原子能工业中的观察窗，能吸收电子流或射线等。还有一些新型微晶玻璃可用于机械零件、化工用品结构材料、烹饪餐具等，玻璃碳可用于自转式热交换器、车辆的涡轮发动机。此外，还有导电玻璃、半导体玻璃、磁性玻璃等，都有特殊性能和很高的应用价值。玻璃纤维常被用作复合材料的增强材料，尤其是光导纤维的出现，意义非同寻常。

（三）水泥

水泥作为建筑材料，它的出现曾经开辟了人类建筑史的新纪元。水泥是一种水硬性材料，石灰石等建筑材料遇水就会松懈，而水泥着水后能逐渐硬结。水泥和沙子、碎石掺在一起加水搅拌，就是混凝土。混凝土具有很好的抗压性能，但是抗拉的能力很差。由于水泥可以和钢筋很好地黏结，被水泥包住的钢筋可以避免生锈，因此可用钢筋弥补混凝土在抗拉性能方面的不足。自从钢筋混凝土问世后，建筑业的面貌大为改观。

普通的水泥是硅酸盐水泥，是用黏土和石灰石作原料制成的，这种水泥的耐磨耐高温等性能还不能令人十分满意。如果在普通水泥里掺入20％～85％的高炉矿渣，就成为耐高温的矿渣硅酸盐水泥。在普通水泥里掺加如砂石、矿渣等混合材料，不仅可以在某些方面提高水泥的性能或经济效益，而且便于综合利用、变废为宝。

(四)耐火材料

耐火材料是指能耐1580℃以上高温的材料，它在工业建筑中处于很重要的地位。钢铁工业和非钢铁金属工业的冶炼炉、蒸汽机、发电厂和铁路机车的锅炉、炼焦工业的炼焦炉以及制造水泥、玻璃、陶瓷、砖瓦的窑炉都少不了耐火材料，它的化学成分是氧化铝和氧化硅，可耐1700℃高温，广泛用作锅炉的内衬砖。其他还有可耐1800～2000℃高温的高铝氧砖、耐碱性强的镁砖等，能满足对耐火材料的不同需要。

三、有机高分子材料

高分子材料是由碳、氢、氧、氮、硫等元素组成的相对分子质量足够高的有机化合物，它的相对分子质量常高达数千甚至到几百万。这种高分子化合物一般具有长链结构。人们日常食用的大米、白面和纺织用的毛、皮、丝、棉、麻等都是天然的高分子材料。人工合成有机高分子材料是材料科学技术的一个重大突破。从20世纪30年代高分子科学概念建立至今，虽然不到一个世纪，但由于高分子材料具有许多优良性能，适合工业和人民生活各方面的需要，而且它的原料丰富，适合现代化生产，且不受地域、气候的限制，因而高分子材料工业取得了突飞猛进的发展。如今，高分子材料已经不再是金属、木、棉、麻、天然橡胶等传统材料的代用品，而是国民经济和国防建设中的基础材料之一。

高分子材料迅速发展和广泛应用的重要原因在于高分子材料的生产有很多优点：第一，它的原料极其丰富多样，资源广、价格低，可以从煤、天然气、农副产品等原料中制造，且自从石油化工发展以来，高分子材料更有了大量的廉价原料——石油；第二，从原料制造成高分子材料，只需要经过单体合成、精制与聚合两三道工序，简单方便、效率高；第三，把高分子材料加工为成品远比加工金属方便，比如制造齿轮，只要把塑料粉装在模具里加热、压制就成了，并且尺寸准确、表面光洁、省工省料，而用金属来制造，就要经过浇铸、切削等多道工序；第四，生产高分子材料能耗低，如以单位体积计，制造塑料(聚苯乙烯等)的耗能，水泥的为108、玻璃的为201、钢的为1061、铝的为1961。高分子材料的这些特性使它能迅速地应用于工农业、国防、新技术及日常生活的各个方面。

高分子材料包括塑料、橡胶、纤维、薄膜、胶黏剂和涂料等，其中被称为现代高分子三大合成材料的是塑料、合成纤维和合成橡胶。

四、新型复合材料

金属材料、无机非金属材料、有机高分子材料都有各自的特点，能满足人们多方面的需要。但是随着现代科学技术的发展，人们对材料的性能要求越来越高，以致这三大类基本材料难以单独满足某些特殊的需要。比如，空间技术需要耐高温、防辐射、质轻而强度高的材料，造船工业需要耐腐蚀、强度高的船体结构材料，其他要求还有耐低温、耐磨损、电磁性能好、容易加工以及透明度好、韧度高、柔软性好、硬度大等。然而，在目前的技术条件下，三大类材料本身的弱点很难克服：金属材料大多不耐腐蚀，无机非金属材料性脆，有机高分子材料不耐高温等。唯一行之有效的办法，就是把两种或多种材料复合起来，制出具有某一种或两种以上优异性能的材料来满足需要，复合材料就是在这种需要下研制出来的。复合材料可根据基体分为聚合物基、陶瓷基、金属基等几类，也可根据复合的结构分为层合型、纤维型与颗粒型三类。

实际上，在自然界存在着许多天然的复合物，例如竹子、树木等就是自然生长的长纤维增强复合材料，人类肌肉/骨骼结构也是复合材料结构。我们的祖先早就创造和使用了复合材料。6000年前人类就已经会用稻草加黏土作为建筑材料砌建房屋墙壁。在现代，复合材料的应用比比皆是，由砂石、钢筋和水泥构成的水泥复合材料已广泛地应用于高楼大厦和河堤大坝等建筑中，发挥着极为重要的作用；玻璃纤维增强塑料（玻璃钢）更是一种广泛应用的现代化复合材料。

现代高科技的发展更是离不开复合材料，例如就航空航天飞行器减轻结构质量而言：喷气发动机结构质量每减1kg，飞机结构可减重4kg，升限可提高10m。因此，现代航空航天领域对飞行器结构的减重要求已经不是“斤斤计较”，而是“克克计较”。现已公认，新型复合材料的研制是当代科技发展的重大关键技术之一，对重大科技项目的成败往往具有举足轻重的意义。近年来，发展比较快的新型复合材料有玻璃钢、碳纤维复合材料、陶瓷复合材料等。

复合材料对现代科学技术的发展有着十分重要的作用。复合材料的研究深度和应用广度及其生产发展的速度和规模已成为衡量一个国家科学技术先进水平的重要标志之一。复合材料是现代科学技术不断进步的结果，是材料设计的一个突破；复合材料的发展同时又推动了现代科学技术的不断进步。可以预料，随着高性能树脂复合材料的不断成熟和发展，金属基特别是金属间化合物基复合材料和陶瓷基复合材料的实用化以及微观尺度的纳米复合材料和分子复合材料的发展，复合材料在人类生活中的重要性将越来越显著。同时，随着科学技术的发展，现代复合材料也将赋予新的内容和使命。21 世纪将是复合材料的新时代。

(一)玻璃钢

玻璃钢是一种玻璃纤维增强塑料，它的强度可以与钢相媲美，是目前产量高、用途广的一种复合材料。玻璃钢的生产多年来发展很快，它的用途日益广泛，涉及国防、航空、航天、机械、化工、造船、建筑、交通运输和人民生活的各个方面。由于玻璃钢具有瞬时耐高温性能，它被用作人造卫星、导弹和火箭的外壳(耐烧蚀层)。玻璃钢不反射无线电波，微波透过性好，因而是制造雷达罩的理想材料。用玻璃钢制作电器及仪表的绝缘零部件，不仅能提高电气设备的可靠性，而且在高频电作用下仍能保持良好的介电性能。因为它耐腐蚀，所以用它来制造各种管道、泵阀门、容器、储罐、农机配件和船艇等。玻璃纤维增强的水泥板，强度超过钢筋水泥板，且质量极轻，同时耐久性和抗冲击性能都有增强，成为一种很受欢迎的先进建筑材料。

(二)碳纤维复合材料

碳纤维并不是以碳为原料来制造的，它是用聚丙烯腈(人造羊毛)等纤维，在隔绝氧气下经高温处理制得的。因为它的基本组成元素是碳，所以称为碳纤维。

碳纤维的强度不仅比玻璃纤维高6倍、比铜大4倍，而且质量只有钢的1/4，比铝还要轻。一根手指粗的碳纤维绳可以吊起重几十吨的火车头。碳纤维的最大特点是刚度高，它抵抗变形的能力要比钢大2倍多。因此，用碳纤维制成的复合材料，性能比玻璃钢还要好。用碳纤维作增强材料是复合材料发展的新方向。碳纤维增强塑料已开始在化工、机电、造船，特别是航空工业中得到广泛应用。例如用碳纤维和高温陶瓷复合材料制成的燃气轮机叶片，可超过金属叶片的高温极限，承受1400℃高温，且质量轻、耐冲击。

第二节　金属材料的成形加工

所谓的成形加工，就是指把原材料经各种不同方法加工成所需形状，从而满足实际的需要。成形加工主要是改变被加工材料的形状和尺寸，在加工的过程中尽可能地使材料的性能也能满足使用要求。大部分的加工方法既可以改变材料的形状也可以改变材料的性能，如塑性成形。部分加工方法如热处理，主要是改变被加工材料的性能。还有部分加工方法如焊接，主要是简化零件的生产工艺等。常用的成形加工方法有液态成形、塑性成形、连接成形、切削加工成形、热处理及表面处理技术等，它们是机械制造过程中必不可少的部分。

根据加热温度与材料再结晶温度之间的关系，还可以把成形加工分为热加工和冷加工两类。热加工和冷加工不是根据变形时是否加热来区分，而是根据变形时的温度处于再结晶温度以上还是以下来划分的。热加工是在高于再结晶温度的条件下使金属材料同时产生塑性变形和再结晶的加工方法，通常包括铸造、锻造、焊接、热处理等工艺。热加工能使金属零件在成形的同时改善它的组织或者使已成形的零件改变既定状态以改善零件的力学性能。冷加工是指在低于再结晶温度下使材料产生塑性变形的加工工艺，如冷轧、冷拔、冷锻、冷挤压、冲压等。冷加工在材料成形的同时提高了金属的强度和硬度。冷加工通常是指切削加工。

我国早在4000多年前就开始使用铸铜技术，成为最早进入青铜器时代的文明古国之一。在公元前1600年前，我国已能铸造出非常精美的青铜器如铜鼎。在古代埃及，约在公元前4000年，埃及人已能用青铜制造精美实用的铜针。在欧洲美索不达米亚，公元前3500年就能创造用于建筑的铜钉和光洁照人的铜镜。所制造的含锡的青铜剑比任何石斧都要锋利且非常轻巧。比起铜的冶炼技术，炼铁技术要困难得多，不但要用更多的燃料，而且浇铸困难、锈蚀快，所以直到公元前1200年前后，当人们掌握了减少铁中的碳元素炼出钢后，铁的加工才得以流行起来。钢和铁的冶炼技术逐渐发展后，人们便将越来越便宜的钢和铁用于后来发展起来的机械工业、交通工业等各方面，使人类的科技文明不断地向前发展。

随着科学技术的发展，材料成形方法不仅具备了现代化手段，而且已经形成成熟的科学理论。材料成形技术也不仅限于金属材料，还扩展到无机非金属材料及高分子材料领域。材料成形也不仅限于机械零件的毛坯生产上，随着少切削、无切削成形技术的出现，材料成形技术在很多情况下，可作为机械零件的最终制造工序。随着自动化技术及计算机应用的发展，材料成形已不再是手工操作、单件生产的工艺，各种成形机械设备已形成机电一体化的产品，使成形技术及成形件向着自动控制的方向发展。

成形技术在提高实体尺寸精度方面出现了多种少切削、无切削加工的成形方法，例如精密铸造技术及精密铸造生产线、精密锻造技术及精锻机。在提高成形件的性能方面出现了挤压铸造、真空铸造及相应的成套设备，还有超塑成形技术等。在提高生产效率方面的连续铸造及连铸机械、快锻技术及快锻液压机，各种特种焊接技术及焊接机械，计算机辅助成形工艺设计及制造技术、数控技术、自动化技术在材料成形工业生产中的应用是材料加工生产现代化的重要标志。

机械工业中，材料的表面处理技术也是十分重要的，它直接关系到零件乃至整个机器的质量、寿命、性能、造价等。材料表面技术就是通过某种工艺手段赋予表面不同于基体材料的组织结构、化学组成，因而具有不同于基体材料的性能。经过表面处理的材料，既具有基体材料的力学强度和其他力学性能，又能由新形成的表面获得所需要的各种特殊性能（如耐磨、耐腐蚀、耐高温，对各种射线的吸收、辐射、反射能力，超导、润滑、绝缘、储氢等）。金属材料表面工程技术是材料科学的一个重要领域，近年来得到迅速发展，其主要表现是：传统表面处理工艺被革新，多种新工艺方法被发明。这些新技术在工业上的应用，使得金属制品的质量得到大幅度提高，为社会带来极大的经济效益，因而越来越受到各个国家的重视。

材料的生产和加工工艺是极其繁杂的。如果随着新材料的出现，仅仅依靠传统的使用比被加工材料更硬的刀具进行切削加工的方式已不能满足生产的需要，而出现了许多利用诸如电能、光能、化学能、声能、电化学能或与机械能组合等形式的加工方法（也就是所谓的特种加工），将被加工坯件上多余的材料去除，以获得所需要的几何形状。下面主要以金属材料的加工为例，就材料加工中几个重要的过程——冶炼、铸造（液态成形）、压力加工（塑性成形）、切削加工、焊接、热处理、粉末冶金、表面工程技术等进行简单的介绍。

一、金属冶炼

现代科学技术的发展，已为金属材料的生产、制造和应用展现出一个更广阔的新天地，它除了使产量迅猛增长外，也使产品的质量提高到前所未有的水平。数量与质量应是辩证的统一体，没有数量当然谈不到质量，但没有质量的数量却往往是空的。因此，在产量大发展的时代，质量问题必须放在突出地位。1t 高质量的钢制品有可能抵得上 2t 或更多些的普通钢制品；反之，低质量的 1t 钢制品，也许还抵不上 0.5t 普通质量钢制品。

质量问题包括的项目是多方面的，但概括起来一句话，就是如何发挥现有金属材料潜力的问题。不考虑产品的尺寸规格，单从金属学的角度来看，是如何根据要求充分保证产品的成分、结构和组织，从而保证和提高产品的力学性能的问题，最终归结到材料制品的使用寿命问题。在金属材料由冶炼、铸造、加工、热处理到制作成工件，以及使用乃至报废的整个历程中，每个环节的各种外界条件，大多在或大或小、或多或少地影响着那些决定其性能的内在基本因素。

材料的化学成分（包括所谓杂质和夹杂物等）主要是由冶炼和铸造，特别是由冶炼来保证的，冶炼和铸造条件的任何变化都会影响到成分的改变。现代一些新的冶炼和浇注技术如真空熔炼、真空浇注、氩气保护、电炉重熔以及各种自动化装置和设备的应用，其目的都在于（或主要在于）首先保证材料的规定成分和纯度，而后再在这个前提下提高产量和生产率。成分的保证还不只限于此，除冶炼和浇注外，在某些情况下，后步工序如各种加工和处理条件，有时也会或多或少地改变表层成分。材料的性能既取决于材料的成分，也取决于材料的内部组织和结构。对某一具体应用材料来说，当其成分确定时，它的一些对结构组织不敏感的性能也就保证了；但是，成分给定时，组织结构仍然可以随条件而变化，所以成分并不能确保材料的实际结构和实际组织，因而也就不能确定它的最终性能，特别是那些对其结构组织敏感的性能。

冶炼的目的在于获得合格的成分及气体、夹杂物尽量少的液态金属或合金。冶炼过程是极为复杂的物理化学变化，冶炼系统是炉气、炉渣、炉壁、液态合金等组合的多相系统。冶金学处理了这种多相系统的物理化学问题，总结了冶炼过程的规律，因而冶金工作者可以根据金属材料的成分（包括杂质）及几何（包括铸锭及铸件的尺寸和形状）上的要求，制订操作规程，完成冶炼任务。

金属冶炼的制备过程相当复杂。金属冶炼方法分为火法冶金、湿法冶金和电冶金三种。火法冶金就是利用高温从矿石中提取金属及其化合物；湿法冶金是在常温或稍高于常温下利用溶剂从矿石中提取和分离金属；电冶金是利用电能提取和精炼金属。钢铁冶炼属于火法冶金，包括高炉炼铁、转炉炼钢、电炉炼钢、电渣重熔、真空技术。有色金属冶炼，火法、湿法兼有，还可以采用电解法或粉末冶金法等。

钢的生产过程大致为：采矿—选矿—炼铁—炼钢—连铸—轧钢—钢材。冶炼的关键在于成分、气体与杂质的控制以及组织结构的控制。

总之，现代化的冶金生产技术必须使高速度与高质量相结合，忽视高质量的高速度造成的损失将更大，这是不允许的。当然，也不能走到另一极端而不顾产量。多、快、好、省才是正确方向，控制或提高质量，必须着眼于内在因素，它是决定材料力学性能和使用寿命的根本。

二、铸造

铸造是机械制造中毛坯成形的主要工艺之一。在机械制造业中，铸造零件的应用十分广泛，在一些行业中所占的比重也很大。如在机床、内燃机中，铸件的质量往往要占机器总质量的70%～80%，在一些重型机械中往往可达90%以上。

我国铸造生产有着悠久的历史。早在3000年前，青铜铸器已有应用，2500年前，铸铁工具已经相当普遍。例如，始建于公元856年的河北正定隆兴寺内的铜佛菩萨，高22m有余，有42臂，重120t，是我国古代最大的铸造佛像，其造型生动逼真，是一尊难得的佛教艺术珍品。再如制造于公元953年的河北沧州铁狮子，高5.4m、长6.5m、宽3m、重40t，颈下及体外铸有“狮子王”“大周广顺三年铸”等字样，腹内还铸有金刚经文，雄伟壮观，具有极高的艺术价值，充分体现了我国古代劳动人民精湛的铸造技艺。大量历史文物显示出我国古代劳动人民在世界铸造史上做出的卓越贡献，如泥型、金属型、石蜡型三大铸造技术就是我国的创造。随着铸造技术的发展，除了机器制造业外，在公共设施、生活用品、工艺美术和建筑等国民经济各个领域，也广泛采用各种铸件。

铸造的目的在于以液态金属或合金获得质量合格的铸件。在冶金厂或机械制造厂的车间内，铸造是紧随金属冶炼之后的工艺过程。铸锭在随后的重熔或压力加工过程中失去了原来的形状，而铸件虽然有时还有随后的切削加工，但基本上仍然保持原来的形状。

何为铸造？熔炼金属、制造铸型，并将熔融金属浇入铸型，凝固后获得一定形状和性能的铸件的成形方法，称为铸造。铸造过程包括液态金属自浇注温度直至冷却到室温的铸锭或铸件的整个过程，在这个过程中，发生了如下变化：

(1)液态金属的冷却，牵涉液态金属的性质；

(2)液-固结晶，是合金在相图中液固相线间的变化；

(3)固态金属的冷却，发生固相线以下的相变、几何尺寸的变化以及这些转变所导致的内应力的变化。

铸造生产过程非常复杂，影响铸件质量的因素也非常多，其中合金的铸造性能的优劣对能否获得优质铸件有着重要影响。铸造合金在铸造过程中呈现出的工艺性能，称为铸造性能。合金的铸造性能主要指充型能力、收缩性、偏析、吸气等，其中液态合金的充型能力和收缩性是影响成形工艺及铸件质量的两个最基本的因素。

铸造性能是一种工艺性能，它的高低是用铸锭或铸件质量的好坏来衡量的。对于这些产品的最起码要求是其具备所要求的形状。铸造是利用液态金属的流动能力来成形的，因而液态金属的流动性便是铸造性能中的一个重要方面。基于这种考虑，便可以适当地选择浇注温度。在一般情况下，浇注温度越高，即过热度越大，液态金属的强度越小，这不仅使流动性提高，也使气体与杂质易于上浮。但是过高的浇注温度也会引起其他的不利影响，例如增加冶炼成本、引起粗大结晶、增加气体溶解度等。因此，在保证适当流动性的基础上，应采用尽可能低的浇注温度，一般在液相线上 50～250℃。

流动性也是一种工艺性能，与铸模的吸热和散热能力有关。例如，金属在金属型中的流动性低于在砂型中的流动性，而在湿砂型中的流动性又低于在干砂型中的流动性，预热铸型和铸型绝热都能改善流动性。如铸型的温度相同，即使过热度相同，浇注温度高的金属(例如低碳钢)由于与铸型接触时的温度差较大，散热较快，故实际的流动性仍低于铸铁和非铁金属的流动性。从热平衡的角度考虑，熔化潜热大的金属，凝固时放出较大的潜热，在外界冷却条件相同时，温度下降得较缓，故流动性较大。适当的保温有利于提高金属的流动性。

铸锭或铸件的凝固是一种复杂的液-固结晶过程。液-固结晶必须通过散热才能继续进行，因而是一种不平衡的过程。在慢速结晶的过程中，结晶时所放出的凝固潜热必须通过已结晶的晶体及铸模壁散去；在快速结晶的过程中，这种潜热可以传导至邻近过冷的液体。如液态金属中含有较多的气体，在凝固时还会逸出气体，这种气体将会影响热的传导及物质的迁移。由于实际结晶是一种不平衡过程，当合金凝固时，温度低至液相线温度，则形成成分不均匀的固溶体。先结晶的树枝晶轴含高熔点组元较多，后结晶的树枝晶枝干含低熔点组元较多，结果造成在一个晶粒内化学成分的分布不均。继续冷却时，会同时发生如下三种过程：继续析出溶质浓度逐渐变化的合金晶体；已析出晶体中溶质的扩散；未凝固液体中溶质的扩散。

如果合金的冷却速度较快，也就是溶质的扩散不能充分进行，则在铸锭或铸件中，溶质的分布是不均匀的，就会形成所谓的成分偏析。

铸造分为砂型铸造和特种铸造两大类。将液体金属浇入用型砂紧固成的铸型中，待凝固冷却后，将铸型破坏，取出铸件的铸造方法称为砂型铸造。砂型铸造是传统的铸造方法，它适用于各种形状、大小及各种常用合金铸件的生产。砂型铸造虽然是应用最普遍的一种铸造方法，但其铸造尺寸精度低、表面粗糙度值大、铸件内部质量差、生产过程不易实现机械化。为改变砂型铸造的这些缺点，满足一些特殊要求零件的生产，人们在砂型铸造的基础上，通过改变铸型材料（如金属型、磁型、陶瓷型）、模型材料（如熔模型、实型）、浇注方法（如离心法、压力法）、金属液充填铸型的形式或铸件凝固的条件（如压力铸造、低压铸造）等，又创造了许多其他的铸造方法。通常把这些不同于普通砂型铸造的铸造方法统称为特种铸造。每一种特种铸造方法，在提高铸件精度和表面质量、改善合金性能、提高劳动生产率、改善劳动条件和降低铸造成本等方面，各有其优越之处。近年来，特种铸造在我国发展非常迅速，尤其在有色金属的铸造生产中占有重要地位。特种铸造具有铸件精度和表面质量高、铸件内在性能好、原材料消耗低、工作环境好等优点，但铸件的结构、形状、尺寸、质量、材料种类往往受到一定限制。

三、锻压

锻压是利用外力（冲击力或静压力）使金属坯料产生局部或全部的塑性变形，获得所需尺寸、形状及性能的毛坯或零件的加工方法。锻压是锻造和冲压的总称，它是金属压力加工的主要方式，也是机械制造中毛坯生产的主要方法之一。

锻压加工与其他加工方法相比，具有以下特点：

(1)改善金属材料的组织结构，提高力学性能。金属材料经锻压加工后，其组织性能都得到改善和提高，锻压加工能消除金属铸锭内部的气孔、缩孔和树枝状结晶等缺陷，并由于金属材料的塑性变形和再结晶，可使粗大晶粒细化，得到致密的金属组织，从而提高金属材料的力学性能。在设计零件时，若正确选用零件的受力方向与纤维组织方向，可以提高零件的抗冲击性能。

(2)材料的利用率高。金属塑性成形主要是将金属的形体组织相对位置重新排列，应用先进的技术和设备，可实现少切削或无切削加工。

(3)毛坯或零件的精度和生产率较高。锻压加工一般是利用压力机和模具对毛坯或零件进行成形加工，具有较高的精度和生产率。例如：精密锻造的伞齿轮齿形部分可不经切削加工直接使用，复杂曲面形状的叶片精密锻造后只需磨削便可达到所需精度；利用多工位冷镦工艺加工内六角螺钉，比用棒料切削加工工效提高 400 倍以上。

(4)锻压所用的金属材料应具有良好的塑性，以便在外力作用下能产生塑性变形而不破裂。常用的金属材料中，铸铁属脆性材料，塑性差，不能用于锻压。钢和非钢铁金属中的铜、铝及其合金等可以在冷态或热态压力下加工。

(5)不适合成形形状较复杂的零件。锻压加工是在固态下成形的，与铸造相比，金属的流动受到限制，一般需要采取加热等工艺措施才能实现。对制造形状复杂，特别是具有复杂内腔的零件或毛坯较困难。

由于锻压具有上述特点，因此承受冲击或交变应力的重要零件（如机床主轴、齿轮、曲轴、连杆等），都应采用锻件毛坯加工。所以锻压加工在机械制造、军工、航空、轻工、家用电器等行业得到广泛应用。例如，飞机上的塑性成形零件的质量约占整机质量的 85%，汽车、拖拉机上锻件的质量约占整车质量的 60%～80%。

金属的锻造性能（又称可锻性）是用来衡量压力加工工艺性的主要工艺性能指标。金属的可锻性好，表明该金属适合于压力加工。衡量金属的可锻性，常从金属材料的塑性和变形抗力两个方面来考虑。材料的塑性越好，变形抗力越小，则材料的锻造性能越好，越适合压力加工。在实际生产中，往往优先考虑材料的塑性。

金属的塑性是指金属材料在外力作用下产生永久变形而不破坏其完整性的能力。变形抗力是指金属在塑性变形时反作用于工具上的力。变形抗力越小，变形消耗的能量也就越少，锻压越省力。塑性和变形抗力是两个不同的独立概念。如奥氏体不锈钢在冷态下塑性很好，但变形抗力却很大。

金属的锻造性能既取决于金属的本质，又取决于变形条件。在压力加工过程中，要根据具体情况，尽量创造有利的变形条件，充分发挥金属的塑性，降低其变形抗力，以达到塑性成形加工的目的。金属的本质主要是指构成材料的成分和组织。通常纯金属及单相固溶体的合金具有良好的塑性，其锻造性能较好。金属的加工条件一般指金属的变形温度、速度和方式等。实际的生产过程显示，在保证不出现过烧和过热的情况下尽可能地提高变形温度，有利于提高金属的锻造性能。随着变形速度的增大，金属的冷变形强化趋于严重，表现出金属塑性下降、变形抗力增大，因此对于塑性差的材料（如高速钢）或大型锻件，应采用较小的变形速度为宜。压力加工中，在三向应力状态下，压应力的数目越多，其塑性越好，拉应力的数目越多，则其塑性越差。其原因是在金属材料内部或多或少总是存在着微小的气孔或裂纹等缺陷，在拉应力作用下，缺陷处会产生应力集中，使缺陷扩展甚至达到破坏，从而使金属丧失塑性。而压应力使金属内部原子间距减小，又不易使缺陷扩展，因此金属的塑性会提高。从变形抗力分析，压应力使金属内部摩擦增大，变形抗力也随之增大。在三向受压的应力状态下进行变形时，其变形抗力较三向应力状态不同时大得多。因此，选择压力加工方法时，应考虑应力状态对金属塑性变形的影响。

从生产角度考虑，应该在满足锻件尺寸及性能要求的基础上尽量提高生产设备的生产率，降低燃料及设备的消耗，因此开锻和终锻温度的选择是一个综合的技术问题和经济问题。假如在较宽的温度范围都能获得符合规格的锻件，那么就应该从经济角度来选择合理的规程。很明显，温度越高，锻造越容易，生产率则越高，但是燃料的消耗及加热炉的损耗也会越大，应考虑这两方面，选择合理的加工温度。

锻造性能的另一个工艺指标是锻造比。锻造比通常用变形前后的截面比、长度比或高度比来表示，它代表每次加工工序中锻件的变形程度。锻造比对锻件的锻透程度和力学性能有很大影响。当锻造比达到 2 时，随着金属内部组织的致密化，锻件纵向和横向的力学性能均有显著提高；当锻造比为 2～5 时，由于流线化的加强，力学性能出现各向异性，纵向力学性能虽仍略提高，但横向力学性能开始下降；当锻造比超过 5 后，因金属组织的致密度和晶粒细化度均已达到最大值，纵向力学性能不再提高，横向力学性能却急剧下降。因此，选择适当的锻造比相当重要，既要考虑加工的效率，也要考虑产品的质量。对于碳化物含量较多的一些钢种，例如高速钢，常常要求较高的锻造比，才能打碎粗大的初晶碳化物，以避免严重的碳化物偏析。

锻压或轧制后的合金钢轧锻材大多需要退火，如再结晶退火、去应力退火、球化退火、软化退火等，以消除加工过程中形成的锻造应力或者纤维组织等，为后续的加工或处理提供便利。

四、切削加工

所谓的切削加工，是指用切削工具（包括刀具、磨具和磨料等）从毛坯上去除多余的金属，以获得具有所需的几何参数（如尺寸、形状和位置等）和表面粗糙度的零件的加工方法。它只改变被加工材料的形状，基本上不改变其组织和性能。切削加工能获得较高的精度和表面质量，对被加工材料、零件几何形状及生产批量具有广泛的适应性。机器上的零件除极少数采用精密铸造和精密锻造等无切削加工的方法获得以外，绝大多数零件都是靠切削加工来获得的。因此，如何进行切削加工，对于保证零件质量、提高劳动生产率和降低成本，有着重要的意义。

虽然机器零件的形状千差万别，但分析起来都是由下列几种简单表面组成的，即外圆面、内圆面（孔）、平面和成形面。因此，只要能对这几种表面进行加工，基本上就能完成机器零件表面的加工。外圆面和内圆面（孔）是以某一直线或曲线为母线，以圆为轨迹，做旋转运动时所形成的表面。平面是以一直线为母线，以另一直线为轨迹，做平移运动时所形成的表面。成形面是以曲线为母线，以圆、直线或曲线为轨迹，做旋转或平移运动时所形成的表面。零件的不同表面，分别由相应的加工方法来获得，而这些加工方法是通过零件与不同的切削刀具之间的相对运动来进行的。我们称这些刀具与零件之间的相对运动为切削运动。

使零件与刀具之间产生相对运动以进行切削的最基本运动，称为主运动。主运动的速度最高，所消耗的功率最大。在切削运动中，主运动只有一个。它可以由零件完成，也可以由刀具完成，可以是旋转运动，也可以是直线运动。

不断地把被切削层投入切削，以逐渐切削出整个零件表面的运动，称为进给运动，即刀具相对于零件轴线的平行直线运动。进给运动一般速度较低，消耗的功率较少，可由一个或多个运动组成。它可以是连续的，也可以是间断的。

组成机器的零件大小不一，形状和结构各不相同，金属切削加工方法也多种多样。常用的有车削、钻削、镗削、刨削、拉削、铣削和磨削等。尽管它们在加工原理方面有许多共同之处，但由于所用机床和刀具不同、切削运动形式不同，所以它们有各自的工艺特点及应用范围。材料经过一系列的切削加工，最后成为机械零件或构件。零件的切削加工质量包括加工精度和表面质量，它直接影响着产品的使用性能、可靠性和寿命。

（一）加工精度

加工精度是指零件在加工之后，其尺寸、形状等几何参数的实际数值同它们理想几何参数的符合程度。而它们之间不符合的程度称为加工误差。加工误差越小，加工精度越高。零件的加工精度包括零件的尺寸、形状和位置精度，在零件图上分别用尺寸公差、形状公差和位置公差来表示。

影响加工精度的因素很多，如机床、刀具、夹具本身的制造误差及使用过程的磨损，零件的安装误差，切削过程中由于切削力、夹紧力以及切削热的作用引起的工艺系统（由机床、夹具、刀具和零件组成的完整系统）变形所造成的误差，以及测量和调整误差等。由于在加工过程中有上述诸多因素影响加工精度，所以不同的加工方法得到不同的加工精度，即使是同一种加工方法，在不同的加工条件下所能达到的加工精度也不同。甚至在相同的条件下采用同一种方法，如果多费一些工时，细心地完成每一步操作，也能提高加工精度。但这样做又降低了生产率，增加了生产成本，因而是不经济的。所以，通常所说的某种加工方法所能达到的加工精度，是指在正常条件下（正常的设备、合理的工时定额、一定熟练程度的工人操作）所能经济地获得的加工精度，称为经济精度。

（二）表面质量

零件机械加工表面质量（也称表面完整性）主要包括两方面内容：表面几何形状和表面层的物理、力学性能。表面几何形状主要以表面粗糙度和浓度来表示。

表面粗糙度与零件的配合性质、耐磨性和耐蚀性等有着密切的关系，它影响机器或仪器的使用性能和寿命。为了保证零件的使用性能，要限制表面粗糙度的范围。在一般情况下，零件表面的尺寸精度要求越高，其形状和位置精度要求越高，表面粗糙度的值就越小。但有些零件的表面，出于外观或清洁的考虑，要求光亮，而其精度不一定要求高，例如机床手柄、面板等。

加工时，影响表面粗糙度的因素是多方面的，其中最主要的有加工方法、刀具角度、切削用量和切削液。此外，切削过程中的振动、零件材料及其热处理状态等对表面粗糙度的影响也不可忽视。

五、焊接

材料制成零件后，可以用不同的方法连接成构件。连接方法除了铆接、螺钉连接等机械连接方法之外，还有借助于物理化学过程的黏结和焊接。黏结借助于高分子化合物的黏结剂与材料之间的强烈的表面黏着力，使零件能够连接成永久性的结构；焊接则借助于金属间的压接、熔合、扩散、合金化、再结晶等现象，使金属零件永久地结合。

黏结剂有天然和人造的两类：前者有植物性的，如淀粉、松香、橡胶、大豆蛋白质等，也有动物性的，如鱼胶、牛皮胶等；后者有水玻璃、糊精、合成树脂（如环氧树脂、酚醛树脂、乙烯类树脂）等。这些黏结剂广泛地应用于航空、造船、建筑、仪表等工业，黏结金属、陶瓷、塑料、木材等材料。

除了铸造、压力加工以外，焊接也是零件或毛坯成形的主要方法。焊接是利用加热或加压，借助于金属原子的结合与扩散，使分离的两部分金属牢固地、永久地结合起来的工艺。焊接的种类很多，通常按照焊接过程的特点分为熔化焊、压力焊和钎焊三大类。焊接方法可以化大为小、化复杂为简单、积小成大，还可以与铸、锻、冲压结合成复合工艺生产大型复杂件，主要用于制造金属构件，如锅炉、压力容器、管道、车辆、船舶、桥梁、飞机、火箭、起重机、海洋设备、冶金设备等大型工程结构。

从焊接过程的物理本质考虑，母材可以在固态或局部熔化状态下进行焊接，而影响焊接的主要因素有压力及温度两种。由于加热方式、熔化工艺、钎焊合金等的不同，在工业上使用的焊接方法有几十种。按照焊接过程的特点可分为三大类。

（一）熔化焊

利用局部加热的方法，将工件的焊接处加热到熔化态，形成熔池，然后冷却结晶，形成焊缝。熔化焊是应用最广泛的焊接方法，如气焊（气体火焰为热源）、电弧焊（电弧为热源）、电渣焊（熔渣电阻热为热源）、激光焊（激光束为热源）、电子束焊（电子束为热源）、等离子弧焊（压缩电弧为热源）等。熔化焊的过程包含有加热、冶金和结晶过程，在这些过程中会产生一系列变化，对焊接质量有较大的影响，如焊缝成分变化、焊接接头组织和性能变化，以及焊接应力与变形的产生等。

（二）压力焊

在焊接过程中需要对焊件施加压力（加热或不加热）的一类焊接方法，如对焊（包括电阻对焊、闪光对焊）、摩擦焊、扩散焊以及爆炸焊等。

（三）钎焊

将熔点比母材低的填充金属熔化后，填充接头间隙并与固态的母材相互扩散，实现连接的焊接方法，如软钎焊和硬钎焊。钎料熔点在450℃以上、接头强度在200MPa以上的钎焊，为硬钎焊。硬钎焊主要用于受力较大的钢铁和铜合金构件的焊接，如自行车架、刀具等。钎料熔点在450℃以下，焊接接头强度较低，一般不超过70MPa的钎焊，为软钎焊。锡焊是常见的软钎焊，所用钎料为锡铅，钎剂有松香、氧化锌溶液等。软钎焊广泛用于电子元器件的焊接。

六、热处理

热处理是各类金属材料生产过程中的重要工序。随着现代工业及科学技术的发展，人们对材料的性能要求越来越高。为满足这一点，一般可以采取两种方法：研制新材料和对金属材料进行热处理。对金属材料进行热处理是最广泛、最常用的方法，它对发掘金属材料强度的潜力、改善零件使用性能、提高产品质量和延长其使用寿命具有重要意义。热处理在改善毛坯工艺性能，并对于冷、热加工方面也有重要作用。在许多情况下，热处理技术水平的高低对制成品的质量有举足轻重的影响。

金属热处理是指将金属工件放在一定的介质中并按照一定的速度加热、保温一定时间，然后以预定的速度冷却下来，以期得到预定的组织结构和性能的工艺方法。金属热处理是机械制造中的重要工艺之一，与其他加工工艺相比，热处理一般不改变工件的形状和整体的化学成分，而是通过改变工件内部的显微组织，或改变工件表面的化学成分，赋予或改善工件的使用性能。其特点是改善工件的内在质量，而这一般不是肉眼所能看到的。

为使金属工件具有所需要的力学性能、物理性能和化学性能，除合理选用材料和各种成形工艺外，热处理工艺往往是必不可少的。钢铁是机械工业中应用最广的材料，钢铁显微组织复杂，可以通过热处理予以调制，所以钢铁的热处理是金属热处理的主要内容。另外，铝、铜、镁、钛等及其合金也都可以通过热处理改变其力学、物理和化学性能，以获得不同的使用性能。

加热是热处理的重要步骤之一。金属热处理的方法很多，最早是采用木炭和煤作为热源，进而应用液体和气体燃料。电的应用使加热易于控制，且无环境污染。利用这些热源可以直接加热，也可以通过熔融的盐或金属，以及浮动粒子进行间接加热。

金属加热时，工件暴露在空气中，常常发生氧化、脱碳（即钢铁零件表面碳含量降低），这对于热处理后零件的表面性能有不利的影响。因而金属通常应在可控气氛或保护气氛、熔融盐、真空中加热，也可用涂料或包装方法进行保护加热。

加热温度是热处理工艺的重要工艺参数之一，选择和控制加热温度，是保证热处理质量的主要问题。加热温度随被处理的金属材料和热处理的目的不同而异，但一般都是加热到相变温度以上，以获得需要的组织。另外，显微组织转变需要一定的时间，因此当金属工件表面达到要求的加热温度时，还须在此温度保持一定时间，使内外温度一致、显微组织完全转变，这段时间称为保温时间。采用高能密度加热和表面热处理时，加热速度极快，一般没有保温时间或保温时间很短，而化学热处理的保温时间往往较长。

冷却也是热处理工艺过程中不可缺少的步骤，冷却方法因工艺不同而不同，主要是控制冷却速度。一般退火的冷却速度最慢，正火的冷却速度较快，淬火的冷却速度更快。但还因钢种不同而有不同的要求，例如空硬钢就可以用与正火一样的冷却速度进行淬硬。

根据加热条件和特点以及工艺效果和目的，可以把金属热处理分为整体热处理、表面热处理、局部热处理和化学热处理等几种。根据加热介质、加热温度和冷却方法的不同，每一大类又可区分为若干不同的热处理工艺。同一种金属采用不同的热处理工艺，可获得不同的组织，从而具有不同的性能。钢铁是工业上应用最广的金属，而且钢铁显微组织也最为复杂，因此钢铁热处理工艺种类繁多。对于钢锭、钢坯、钢材进行的热处理一般在冶金厂进行，称为冶金类热处理。对于机器零件及工具等机械构件进行的热处理，一般在机械厂进行，称为典型零件热处理。

整体热处理的特点是对工件整体加热，然后以适当的速度冷却，以改变其整体力学性能。整体热处理大致有退火、正火、淬火和回火四种基本工艺。

退火是将工件加热到适当温度，根据材料和工件尺寸采用不同的保温时间，然后进行缓慢冷却，目的是使金属内部组织达到或接近平衡状态，获得良好的工艺性能和使用性能，或者为进一步淬火做组织准备。正火是将工件加热到适宜的温度后在空气中冷却，正火的效果同退火相似，只是得到的组织更细，常用于改善材料的切削性能，也有时用于对一些要求不高的零件作为最终热处理。淬火是将工件加热至保温温度后，使其在水、油或其他无机盐、有机水溶液等淬冷介质中快速冷却。淬火后钢件变硬，但同时变脆。为了降低钢件的脆性，将淬火后的钢件在高于室温而低于 710℃ 的某一适当温度进行长时间的保温，再进行冷却，这种工艺称为回火。退火、正火、淬火、回火是整体热处理中的“四把火”，其中的淬火与回火关系密切，常常配合使用，缺一不可。

“四把火”随着加热温度和冷却方式的不同，又演变出不同的热处理工艺。为了获得一定的强度和韧度，把淬火和高温回火结合起来的工艺，称为调质。某些合金淬火形成过饱和固溶体后，将其置于室温或稍高的适当温度下保持较长时间，以提高合金的硬度、强度或电性、磁性等，这样的热处理工艺称为时效处理。把压力加工形变与热处理有效而紧密地结合起来进行，使工件获得很好的强度、韧度配合的方法，即称为形变热处理。在负压气氛或真空中进行的热处理称为真空热处理。它能使工件不氧化、不脱碳，保持处理后的工件表面光洁，提高工件的性能。

在机械零件加工制造过程中，正火和退火经常作为预先热处理工序，安排在铸造和锻造之后、切削（粗）加工之前，用以消除前一工序所带来的某些缺陷，为随后工序做组织准备。淬火和回火是最终热处理工序，通过淬火可获得马氏体或下贝氏体，为后来的回火做好准备。淬火钢一般需要随后回火以降低淬火应力，同时获得所需的力学性能。

表面热处理是通过快速加热，只使工件表面层达到预定温度，以改变其表层力学性能的金属热处理工艺。为了只加热工件表层而不使过多的热量传入工件内部，使用的热源须具有高的能量密度，即在单位面积的工件上给予较大的热能，使工件表层或局部能短时或瞬时达到高温。表面热处理的主要方法有激光热处理、火焰淬火和感应加热热处理等，常用的热源有氧乙炔或氧丙烷等火焰、感应电流、激光和电子束等。

化学热处理是改变工件表层化学成分、组织和性能的金属热处理工艺。化学热处理与表面热处理的不同之处是后者只改变了工件表层的化学成分。化学热处理是将工件放在含碳、氮或其他合金元素的介质（气体、液体、固体）中加热，保温较长时间，从而使工件表层渗入碳、氮、硼和铬等元素。渗入元素后，有时还要进行其他热处理工艺，如淬火及回火。化学热处理的主要方法有渗碳、渗氮、渗金属、化学气相沉积等。

热处理是机械零件和工件模具制造过程中的重要工序之一。大体来说，它可以保证和提高工件的各种性能，如耐磨、耐蚀性等；还可以改善毛坯的组织和应力状态，以利于进行各种冷、热加工。例如：白口铸铁经过长时间退火处理可以获得可锻铸铁，提高塑性；齿轮采用正确的热处理工艺，使用寿命可以比不经热处理的齿轮的使用寿命成倍或几十倍地提高；价廉的碳钢通过渗入某些合金元素可具有某些价格高昂的合金钢的性能，可以代替某些耐热钢、不锈钢；工件模具则全部需要经过热处理方可使用。

钢和铸铁是机器制造业用量最多的金属材料，钢铁的热处理工艺门类也最为繁多。为了满足设计上的某种技术要求，常有多种工艺可供选择。选择热处理工艺的基本依据是零件的工作条件和生产批量。为了保证产品经久耐用，热处理工艺的选定必须与材料选择相结合。选择工艺的基本原则是工艺过程稳定可靠、劳动条件较好、设备投资及生产成本较低、能耗较低、环境无污染或轻微污染。

材料选用不当、工艺路线错误、冷热加工不良、冶金质量不合格等都会影响热处理产品的质量。近年来，随着材料科学的发展，传统的热处理工艺内容不断丰富，由于对组织与性能关系认识的深化，基本热处理工艺也随之发生了许多变革，并派生了许多优质和高效能的工艺方法，如可控气氛热处理、真空热处理、辉光离子热处理等。为了最大限度地发挥金属材料的性能潜力，许多科技工作者加强了对材料早期失效过程及其物理本质的研究，即把宏观的破坏与微观的组织结构变化及破坏发生、发展的物理过程的研究结合起来，从而找到了材料强化的新途径，推动了热处理工艺的发展。当代机械设计、材料工程（材料加工）与材料科学之间的紧密结合，以及各学科及工艺技术之间的相互渗透，已使热处理的技术领域日益扩大，向着优质、高效率、节约能源及无公害方向发展。例如为了提高金属材料的强韧度，发展了强韧化热处理工艺等。

七、粉末冶金

粉末冶金是极其重要的现代成形方法之一。粉末冶金是通过制取粉末材料，并以粉末为原料用成形烧结法制造出材料与制品。此技术既是制取材料的一种冶炼方法，又是制造机械零件的一种加工方法。

粉末冶金制品分两类：一类是只能用粉末冶金制造的制品，如硬质合金刀片、含油轴承、过滤网件等；另一类是用粉末冶金取代过去用铸、锻、切削成形的零件，如齿轮、凸轮、链轮等。

在机械制造、汽车、电器、航空等工业中，已有越来越多的传统金属零件被粉末冶金制品所取代，这主要是由于粉末冶金在技术上和经济上具有如下特点：作为少切削、无切削材料加工技术，可大批量制造形状复杂、公差带窄、表面粗糙度低的零件，且节能、节材、成本低；作为材料制造技术，能制取普通熔铸法无法生产的具有特殊性能的材料。

一是高熔点金属材料，如钨、钼，以及某些金属化合物的熔点都在2000℃以上，采用通常的熔铸工艺比较困难，而且材料的纯度与冶金质量难以得到保证。

二是复合材料，如含有难熔化合物的硬质合金、钢结硬质合金、金属陶瓷材料、弥散强化型材料以及金属及非金属复合材料等。

三是假合金材料，假合金指各组元在液态时基本上互不相熔，无法通过熔合法制成的合金，如钨–铜和铜–石墨电触头材料等。

四是特殊结构材料，如多孔材料、含油轴承等。粉末冶金一直被称为金属陶瓷术。实际上，粉末冶金技术和传统的陶瓷技术有所差别。粉末冶金用粉末以金属为主要成分，而陶瓷粉末则以无机化合物为主要成分，如氧化物、氮化物、碳化物等，因而在具体的工序上有一定的差别，如在粉末原料的精制和烧结工艺的控制上。但随着粉末成形技术和热致密化技术的发展，粉末冶金技术和现代陶瓷制造技术已经很难找出明显的区别。

人们在19世纪就开始应用这种方法，如俄罗斯最早用白金粉制成货币和其他制品。现在，从圆珠笔的圆珠到火箭的喷嘴，都在广泛地应用粉末冶金技术。

粉末冶金的生产过程是先制造金属粉末，接着将金属粉末装入压模中，用压力机压成条片状或块状，然后把压成的坯块放到炉子中，在保护气氛或真空下进行烧结，变成非常坚实的金属块。

现代化的飞机多采用多孔质材料（铜、镍、锡粉制成的多孔海绵金属板）作防冻设备材料，多孔质材料也常用作超高速飞机表面的保温材料。

粉末冶金生产的硬质合金广泛用来制造刀具、模具和各种凿岩工具，如用碳素钢制造的车刀，切削速度只有15m/min，而硬质合金刀具可把切削速度提高到1650m/min以上。用粉末冶金方法生产的“三层合金”是非常重要的耐磨材料，用于制造航空发动机、汽车发动机和柴油发动机的轴承。

此外，粉末冶金还广泛应用于现代尖端工业中。例如，电子工业中的磁性元件、原子反应堆的核器件、火箭技术中的高温构件等大都采用粉末冶金法生产。

粉末冶金制品中，用量最大的是铁粉：铁约为79%，铜约为18%，其他约3%。目前，生产金属粉末的方法主要有雾化法、离心力法（粉化金属液）、还原法、电解法（能生产纯度很高的铁粉和铜粉）。

最广泛使用的制粉方法是机械研磨法，所用设备是各种类型的研磨机（如振动球磨机、滚动球磨机、搅拌球磨机、锤磨机及棒磨机等）。研磨时，研磨介质（如球）使粉末颗粒受到大小不同的冲击、剪切、摩擦力的作用，以最小的能量使金属物料断裂、破碎。用机械研磨法可获得微米级的微细粉末，获得的粉末经混合均匀后即可成形。传统的成形方法有模压成形、等静压成形、挤压成形、轧制成形、注浆成形和热压铸成形等。近年来，由于各学科的发展及交叉渗透，出现了许多新的成形方法，如电火花烧结、微波烧结、喷射轧制、喷射锻造、热挤压、高能成形等。

粉末冶金用压制、烧结来取代铸造、锻造以及随后的切削加工，简化了工艺过程，提高了材料的利用率。与精密铸造和精密锻造相比，可获得更高的尺寸精度和光洁度，是一种较好的无切削加工方法之一。

用粉末冶金技术制备的粉末冶金材料或制品，包括粉末冶金机械零件、磁性材料、硬质合金材料与制品、难熔金属或高熔点金属材料与制品、精细陶瓷材料与制品等，其中粉末冶金机械零件是其主流产品。用粉末冶金技术生产机械零件，不但节能、省材，经济性好，而且随着新的成形烧结工艺技术的开发应用，粉末冶金结构零件的形状越来越复杂，材料的力学性能越来越高，甚至超过了用常规的铸造、锻造法生产的零件。例如汽车发动机中承受动应力最大的连杆，可以用粉末锻造法或一次压制烧结工艺制造。利用温压技术，用一次压制烧结就可使铁基粉末冶金零件的材料密度达 7.4g/cm^3 以上，从而使材料的力学性能显著提高。可以说，粉末冶金材料或制品有着广阔的应用发展前景。但就粉末冶金零件的生产而言，粉末冶金技术当前仍受到下列限制：

(1)原料粉末的性能对产品的质量影响极大，且价格比常规金属材料高，加上受压制设备吨位的限制，粉末冶金工件的质量和尺寸受到一定的限制，多用于小零件的生产。

(2)粉末成形模具造价高，因此粉末冶金零件须批量生产，最小批量不应少于 5000～10000 件，否则经济效益很差。

八、表面工程

随着现代工业的发展，对机械产品零件表面的性能要求越来越高，改善材料的表面性能会有效地延长其使用寿命、节约资源、提高生产力、减少环境污染。这样对制造技术提出了新的挑战，既推动了表面工程学科的发展，又促进了先进的表面工程，如复合表面工程、纳米表面工程等在制造业中的广泛应用。

表面工程是经表面预处理后，通过表面涂覆、表面改性或多种表面工程技术复合处理，改变固体金属表面或非金属表面的形态、化学成分、组织结构和应力状态等，以获得所需要表面性能的系统工程。表面工程是由多个学科交叉、综合发展起来的新兴学科，它以“表面”为研究核心，在有关学科理论的基础上，根据零件表面的失效机制，以应用各种表面工程技术为特色，逐步形成了与其他学科密切相关的表面工程基础理论。表面工程的最大优势是能够以多种方法制备出优于本体材料性能的表面功能薄层，赋予零件耐高温、耐腐蚀、耐磨损、抗疲劳、防辐射等性能，这层表面材料与制作部件的整体材料相比，厚度薄、面积小，却承担着工作部件的主要功能。

当前表面工程发展非常迅速，也非常活跃。其原因有三：第一，现代工业的发展对机电产品提出了更高的要求，要在高温、高压、高速、重载以及腐蚀介质等恶劣工况下可靠地面工作，表面工程为实现这些要求大显身手;第二,相关的科学技术的发展为表面工程注入了活力、提供了支撑,如高分子材料和纳米材料的发展,激光束、离子束、电子束三种高能量密度热源的实用化等都显著拓宽了表面工程的应用领域,丰富了表面工程的功能,提高了表面处理的质量;第三,表面工程适合我国国情,能大量节约能源、资源,体现了科技尽快转化为生产力的要求,符合可持续发展战略。近年来,复合表面工程和纳米表面工程日益成为表面工程研究领域新的发展方向。

复合表面工程技术的基本特征是综合、交叉、复合、优化,与其他表面技术领域的重要区别是复合。复合表面工程包括多种表面工程技术的复合和不同材料的复合两种形式。

综合运用两种或多种表面工程技术的复合表面工程技术,通过最佳协同效应获得了“1+1>2”的效果,解决了一系列高新技术发展中特殊的工程技术难题,如热喷涂与激光重爆的复合、热喷涂与刷镀的复合、化学热处理与电镀的复合、表面强化与喷丸强化的复合、表面强化与固体润滑层的复合、多层薄膜技术的复合、金属材料基体与非金属材料涂层的复合等。复合技术使本体材料的表面薄层具有更加卓越的性能。

复合涂层种类主要有金属基陶瓷复合涂层、陶瓷复合涂层、多层复合涂层、梯度功能复合涂层等。例如,Al 是具有较好耐蚀性能的涂层材料,但纯 Al 涂层的耐磨性差,通过在 Al 中添加硬质陶瓷相可显著提高其耐磨性能,因此可在 Al 金属中添加 AlN、Al_2O_3、SiC、TiC 等获得金属基复合涂层。这类金属基复合涂层可以通过等离子喷涂复合粉或电弧喷涂粉芯丝材获得。例如,采用高速电弧喷涂 Al 基 Al_2O_3 复合涂层粉芯材料,其在具有优异的耐蚀性能的同时,还具有显著的耐磨和防滑性能,应用于船舶甲板的防滑,具有显著的效果。此外,在 Al 基中添加 SiC,涂层硬度可显著提高,复合涂层的耐磨性比起仅添加 Al_2O_3 涂层的耐磨性高出35%,且可改善涂层的导热性。

再如,金属间化合物及其复合材料具有优越的高温强度和抗氧化性。然而,其室温脆性及难以成形加工等特性严重制约了此类材料的应用。

另外，金属间化合物的硬度和耐磨性必须通过加入硬质陶瓷复合相得到改善，以适应高负荷、高温部件对耐磨性的要求。热喷涂技术是制备金属间化合物及其复合材料的一种新的涂层工艺，具有独特优点，可有效解决室温加工困难的问题。它冷却速度快，能产生细小的等轴晶，能充分发挥细小粒子的强化作用，可改善增强颗粒与基体间的润湿性，改善高温结构用金属间化合物合金的性能，具有广阔的应用前景。例如，通过单元素粉末 Ti(或 Fe)和 Al，并加入 SiC、TiB_2 或 WC 颗粒，用脉冲等离子喷涂法可合成金属间基体化合物复合涂层 TiAl/SiC、TiB_2。

纳米技术是 20 世纪 80 年代末期诞生并快速崛起的新技术。纳米科技的研究范围是过去人类很少涉及的非宏观、非微观的中间领域(10^{-9}～10^{-7}mm)，它的研究开辟了人类认识世界的新层次。纳米材料被称为“21 世纪最有前途的材料”，纳米技术是 21 世纪新产品诞生的源泉。而纳米表面工程是以纳米材料和其他低维非平衡材料为基础，通过特定的加工技术或手段，对固体表面进行强化、改性、超精细加工以赋予表面新功能的系统工程。

随着纳米科技的发展和纳米材料研究的深入，具有力、热、声、光、电、磁等特异性能的许多低维、小尺寸、功能化的纳米结构表面层能够显著改善材料的组织结构或赋予材料新的性能。目前，在高质量纳米粉体制备方面已取得了重大进展，有些方法已在工业中应用。但是，如何充分利用这些材料，如何发挥出纳米材料的优异性能是亟待解决的问题。

热喷涂法制备纳米级晶粒涂层的主要优点是适应性好和成本低，这有可能很快导致纳米级晶粒材料工业应用的实现。例如，有关纳米组织 WC/12Co 和 WC/15Co 涂层热喷涂过程的研究显示出良好的发展前景，在涂层组织中可以观察到，纳米级微粒散布于非晶态富 Co 相中，结合良好，涂层显微硬度明显增加。纳米涂层具有极好的抗晶粒长大的热稳定性。

第三节　塑料的成形加工

在机床、汽车、电器等制造工业中，塑料的应用日趋广泛，在许多场合正逐步代替某些金属材料，并收到较好的经济效益。因此，塑料的加工也随着社会对塑料制品需求量的增加而发展起来。塑料工业包括两个生产系统，即塑料的生产和塑料制品的生产。塑料的生产包括树脂和半成品的生产，塑料制品的生产主要是指塑料成形加工。塑料成形加工是将各种形态的塑料（粉料、粒料、溶液或糊状物），根据其性能选择适当的成形方法制成所需形状和尺寸的制品。塑料成形加工一般包括原料的配制和准备、成形及制品后加工等几个过程。

塑料成形的方法很多，按坯料成形时的形态不同，通常划分为如下三大类：固态成形，包括热成形、冷成形、吹塑；液态成形，包括射塑、铸塑；粉末成形，包括挤压、压塑、旋转模塑。

一、固态成形工艺

固态成形工艺中使用的材料是塑料薄膜、塑料板或预制坯件，常用的成形方法有三种。

（一）热成形

热成形是指通过加热、加压（或抽真空）作用使热塑性塑料薄膜或板料成形的方法。这种成形工艺对模具材料的强度要求不高，通常可用以铸铝粉作填充物的环氧树脂制造，也可以由木材、金属、石膏和塑料制成。热成形方法不能加工带孔零件，只适用于制造护罩、外壳、仪表盘及包装用品等。

（二）吹塑

将塑料管加热后放入冷的组合模具中，向管内充气加压，使管膨胀成为模具内腔形状。所用压缩空气的压力通常为 0.35～0.7kPa，模具用铝合金制成，主要用于饮料桶、瓶、食品容器、药品容器、玩具等用品的制造。

(三)冷成形

适合于冷成形的塑料多为聚丙烯、聚碳酸酯、ABS树脂、聚氯乙烯等。通常采用的冷成形工艺与金属的冷变形工艺雷同,有轧制、拉延、挤压、模压等。在机械制造工业中,塑料的冷成形工艺使用较少。

二、液态成形工艺

以液态塑料为原料的成形工艺称为液态成形工艺,常用的成形方法有两种。

(一)铸塑

与金属铸造成形相似,塑料可以通过浇注成形。铸塑成形使用的材料多为尼龙、丙烯酸系树脂类热塑性塑料与环氧树脂、酚醛树脂、聚氯酯等热固性塑料。

铸塑是将熔融树脂注入刚性或柔性模具型腔,并加入适量的固化剂,在常压、常温或适当加热条件下固化成形。铸塑成形工艺的投资少、设备简单,成形构件的质量基本上不受限制。但这种工艺的生产效率低,产品形状和质量受到一定限制。

(二)射塑

液态射塑成形一般是先将塑料加热熔融,然后将熔融塑料经由注射机喷嘴注射入模具型腔中,冷却后打开模具即可得到所需的制品。注射压力一般为50～200MPa。

射塑成形工艺主要适用于热塑性塑料,目前,热固性塑料也越来越多地使用射塑成形工艺。

射塑成形制品的性能在很大程度上取决于模腔、浇口、绕道以及冷却条件。这种工艺生产率较高,但模具系统制造成本较高,所以只有在大批量生产时才比较经济。应用这种工艺生产的产品有玩具、罐头盒、包装箱、泵、齿轮、仪表壳等。

三、粉末成形工艺

以颗粒或粉末状塑料为原料的成形工艺称为粉末成形工艺,常用的成形方法有三种。

（一）挤压

挤压是热塑性塑料的基本成形方法之一。它是把颗粒状或粉末状的原料从料斗送入挤压筒中，靠螺旋送料器或挤压活塞挤压原料，通过凹模洞口或间隙成形。挤压过程需用的热量既可利用材料内部的摩擦热量，也可以由挤压筒壁中的加热器提供，加热温度为 135～370℃。挤压成形后，通过空冷、水冷或喷水冷却固化成形。挤压工艺的流程连续、生产率高，可用于生产各种塑料棒材、管材及其他型材导线及电缆线的塑料包皮等。

（二）压塑

压塑又称模压，其过程与金属模锻相似。将定量的粉末或预成形坯件直接放入加热的模具型腔中，将凸模在一定压力下保持一定时间，使之成形。典型的压塑制品有手柄、按钮、连接件、护罩、仪表壳体等。

（三）旋转模塑

旋转模塑成形是将定量的塑料粉末放入由两部分组成的薄壁金属（铝或钢）模具中，模具可以绕互相垂直的两轴旋转并被加热。塑料粉末在离心力的作用下贴在模具内壁，达到形状和尺寸要求时停止转动，待冷却后打开模具取出制品。这种成形工艺多用于制造桶、罐、艇壳、垃圾箱、周转箱及各种容器制品。

四、成形后加工

成形的塑料制品大多可直接使用，但有些制品则还需进一步的加工处理才能使用。通常塑料成形后的加工处理有下述三种。

（一）机械加工

塑料的机械加工和金属的切削加工大致相同，可根据不同的表面要求选择车、铣、刨、磨、钻、镗、攻丝等加工方法。

（二）连接加工

塑料的连接加工方法有焊接、溶剂黏结、胶接等。

（三）表面处理

有些塑料制品需要导电性能，则可进行电镀处理（化学浸蚀或是表面渗入），以在塑料表面形成一层导电物质。有些塑料制品为了具有防护和装饰作用，可通过刷涂、浸涂、喷涂等方法，在塑料制品表面涂覆一层覆盖层。

第四节　互换性与检测技术

一、互换性

在日常生活中，互换性的例子很多，比如灯泡不亮了，只要到商店买一个相同规格的换上即可。又如机器上掉了一个螺钉或螺母，也可以挑一个相同规格的换上。这些彼此能相互调换的零件，给我们的工作（生产）带来很多的方便，我们就称这些灯泡、螺钉、螺母等是具有互换性的零件。从制造机器的角度来看，制造机器的过程是先制造零件，而后部件，最后才装配成机器。一台机器中的同类零件，在装配时能相互调换，这样便能大大地缩短生产周期，提高劳动生产率。

因此，零部件的互换性就是指机械制造中按规定的几何、力学性能等参数的允许变动量来制造零件和部件，使其在装配或维修更换时不需要选配或辅助加工便能装配成机器并满足技术要求的性能。几何参数包括大小尺寸、几何形状、相互位置、表面粗糙度等；力学性能参数通常指硬度、强度和刚度等。这样，在机器制造中，由于零部件具有互换性，对规格相同的一批零件（或部件），装配前不需选择，装配时（或更换时）不需修配和调整，装配后机器质量完全符合规定的使用性能要求，这种生产就叫互换性生产。

从现代工业的特点来看，在现代工业生产中，常采用专业化大协作的生产，即用分散制造、集中装配的办法来提高劳动生产率，以保证产品的质量和降低成本。为此，要实行专业化生产，必须采用互换性原则。如轿车这样由上万个零件组成的产品，正是基于互换性原则，才保证了当今不足1分钟就可装配下线一辆轿车的高生产率。因此，只有工业生产中推行互换性生产，才能适应国民经济高速度发展的需要。可以说，互换性是大生产的一条重要的技术经济原则。当前，互换性已不只是大生产的要求，即使小批量，亦按互换性的原则进行。互换性的意义主要体现在以下几个方面。

（一）设计方面

可以最大限度地采用标准件和通用件，大大简化了绘图和计算工作，缩短了设计周期，并有利于计算机辅助设计和产品的多样化。

（二）制造方面

有利于组织专业化生产，便于采用先进工艺和高效率的专用设备，有利于计算机辅助制造及实现加工过程和装配过程的机械化、自动化。

（三）使用维修方面

减少了机器的使用和维修的时间和费用，提高了机器的使用价值。要使具有互换性的产品几何参数完全一致，是不可能也是不必要的，在此情况下，要使同种产品具有互换性，只能使其几何参数、功能参数充分近似，其近似程度可按产品质量要求的不同而不同。现代化生产的特点是品种多、规模大、分工细和协作多。为使社会生产有序地进行，必须通过标准化使产品规格品种简化，使分散的、局部的生产环节相互协调和统一。

造成零件加工误差的原因有多方面：一是机械加工过程中，由于机床、夹具、刀具、工件所组成的工艺系统存在误差；二是零件加工时的切削力引起的工艺系统的弹性变形。三是加工时的切削热、环境温差等引起的工艺系统热变形。另外还有刀具的磨损等种种因素的影响。这些因素致使加工后零件的几何参数与图纸上规定的不可能完全一致，从而造成加工误差。

加工精度是指零件加工后的实际几何参数（尺寸、形状和位置）与理想几何参数的符合程度。符合程度越高，加工精度越高。根据零件几何参数不同，衡量零件加工准确性的加工精度，可分为零件的尺寸精度、形状精度和位置精度，分别反映了加工后零件的实际尺寸与理想尺寸、实际形状与理想形状、实际位置与理想位置相符的程度。如果加工后零件的几何参数（尺寸、形状、相互位置等）非常接近规定的几何参数（设计图纸上规定的理想尺寸、形状、相互位置等），则说明该零件的加工精度高；反之，偏离越大，加工精度越低。加工精度通常用加工误差表示，加工误差小则精度高，误差大则精度低。

表面粗糙度亦称表面光洁度，是指表面微观几何形状误差，反映工件的加工表面精度。在机械加工过程中，由于刀痕，切削过程中切屑分离时的塑性变形、工艺系统中的高频振动、刀具和被加工表面的摩擦等原因，会使被加工零件的表面产生微小的峰谷，这些微小峰谷的高低程度和间距（波距）状况用表面粗糙度来描述。它与表面宏观几何形状误差以及长面波度误差之间的区别，通常是按波距的大小来划分的：波距小于 1mm 的属于表面粗糙度（微观几何形状误差）；波距在 1～10mm 的属于表面波度（中间几何形状误差）；波距大于 10mm 的属于形状误差（宏观几何形状误差）。

表面粗糙度对零件的功能有很多影响，如接触面的摩擦、运动面的磨损、贴合面的密封、旋转件的疲劳强度和耐蚀性能等，因此对提高产品质量起着重要作用。

在实际的机械制造中不可能保证让同类零件的所有尺寸都一样，我们允许产品的几何参数在一定限度内变动，以保证产品达到规定的精度和使用要求，而这一变动量就是公差。几何参数的公差有尺寸公差和形位公差。

机械制造中，设计时给定的尺寸称为基本尺寸，测量得到的尺寸称为实际尺寸，允许变动的两个极限值称为极限尺寸，分最大极限尺寸和最小极限尺寸，而公差等于最大极限尺寸和最小极限尺寸的差值。尺寸偏差是实际尺寸减去基本尺寸所得的代数值。最大极限尺寸减其基本尺寸所得的代数值为上偏差，最小极限尺寸减其基本尺寸所得的代数值为下偏差。上偏差与下偏差的代数差的绝对值也等于公差。

配合，是指基本尺寸相同的相互结合的孔和轴公差带之间的关系。孔的尺寸减去相配轴的尺寸所得的代数差称为间隙或过盈。差值为正时是间隙，为负时是过盈。按间隙或过盈及其变动的特征，配合分为间隙配合、过盈配合和过渡配合。

二、检测技术

在机械制造工业中，会经常用光长度基准直接对零件尺寸进行测量，其准确度固然高，但在广泛的测量中，直接用光进行测量十分不便。为了满足实际测量的需要，长度基准必须通过各级传递，最后由量具生产厂家制造出工作量具。这些工作量具就是实际生产中人们常说的“量具”。正是由于零件尺寸是由国家基准逐级传递下来的，所以全国范围内尺寸的一致性就有了可靠的保证。常用的测量工具有游标卡尺、千分尺、百分表、千分表、各类传感器、三坐标测量仪等。

测量是以确定量值为目的的一组操作，通过将被测参数的量值与作为单位的标准量进行比较，比出的倍数即为测量结果。与测量概念相近的是检验，它常常仅需分辨出参数量值所列属的某一范围，以此来判别被测参数合格与否或现象的有无等。机械加工的零件、生产的机器和产品都需要经过检验或测量，以判定其是否合格。

检测是意义更为广泛的测量。检测不仅包含了上述两项内容，此外，对被测控对象有用信息的信号的检出，也是检测中极为重要的内容。具体到工程检测技术，它的任务不仅是对成品或半成品的检验和测量（如热工参数、几何参数、表面质量、内部缺陷、探伤、泄漏检查、成分分析等），而且还必须借助检测手段随时掌握成品或半成品质量的好坏程度。为此，就要求随时检查、测量这些参数的大小、变化等情况。因而，工程检测技术就是对生产过程和运动对象实施定性检查和定量测量的技术。

从检测技术的定义中可以看出，人类在研究未知世界的过程中是离不开检测技术及其发展的。例如，人类最早只依靠自身的感觉器官（听觉、视觉、嗅觉、味觉、触觉)和简陋的量具去观察自然现象,此时检测技术仅仅达到人感觉器官所能达到的限度,因此作用也很有限。只有检测技术的高度发展,才使人类认识客观世界达到相当的深度和广度。如:生物显微镜及电子显微镜的出现,使人们能观察生物细胞、材料结构等微观世界;射电望远镜可使人们能主动地探索浩瀚的宇宙;红外、微波等检测技术的发展,并在卫星探测上得到应用后,使人们由依靠局部的观察来推测气象、水文、资源、污染、森林覆盖、泥沙流失、农业收成等发展到能从整个地球的宏观上去观察,因此也就更为及时、客观和真实。

工程检测技术的发展,从原来的仅能对成品和半成品进行生产后的检测,发展成能对生产过程或运动对象进行控制、及时提供正确的信息的程度,因此,也成为实施工业自动化的重要支柱。离开了对被控对象信号的采集、传输、存储、变换以及从这些信号中定性、定量地获取有用信息,任何先进的控制想法都将无法实施。随着微细加工、纳米加工等现代制造技术的发展,制造业的高精度对测量精度和功能提出了更高的要求,主要有以下特点:

(一)更高的效率

随着生产节奏的不断加快,要求在保证测量精度的同时,还要有较高的效率。首先,需要改进测量机的结构设计,减轻运动部件的质量。其次,要提高控制系统的性能,使测量机能以较高速度运动,且运动平稳、定位准确,不产生振荡、过冲等现象。

(二)发展探测技术,完善测量机配置

探测技术在测量机中占有重要位置。从原理上说,只要是测头能探及的部位,测量机就能测量出来。探测技术发展的一个重要趋势是,非接触测头将得到广泛地应用。在发展非接触测头的同时,具有高精度、较大量程、能用于扫描测量的模拟测头以及能伸入小孔、用于测量微型零件的专门测头也将获得发展。另外,不同类型的测头同时使用或交替使用,也是一个重要的发展方向。

（三）采用新材料，运用新技术

近年来，铝合金、陶瓷材料以及各种合成材料在测量机中得到了越来越广泛地应用。有一些材料将在制作有特殊要求的测量机部件中得到应用，例如，采用零膨胀系数的微晶玻璃制作一些关键部件，利用膨胀系数小、具有高的弹性模量与密度小的碳纤维制作探针与接长杆等。其他一些新技术，例如磁悬浮技术也会在测量机及其测头中获得应用。

（四）控制系统更开放

在现代制造系统中，测量的目的越来越不仅仅局限于成品验收检验，而是向整个制造系统提供有关制造过程的信息，为控制提供依据。从发展趋势来看，测量机将越来越多地用于数字化生产线，成为现代制造系统的一个有机组成部分，能与其他生产机器联网、通信，完成计算机辅助设计、制造、工艺规划。从这一要求出发，必须要求测量机具有开放式控制系统，具有更大的柔性。所以，从整个发展趋势来看，加快发展开放式的控制系统是必然的。

检测技术不仅为工业自动化提供正确信息，而且是在科学研究中寻找规律的重要手段，因此它服务的领域十分广泛，检测的对象千变万化，遇到的问题也错综复杂。要解决这些问题，必须依赖于各学科（物理、化学、数学、生物学、材料科学等）的发展，综合运用这些学科的成果，由此形成新的检测理论、方法和技术手段。而检测技术的提高无疑会有力地推动各学科的实验研究和发展。这种相互的促进也就描述出了检测技术的发展路径。

传感器的发展从一个侧面反映了检测技术的发展。应用新材料、采用新加工技术，使一些新原理得以实现，一些新型的性能优良的传感器不断被研制出来，这不但解决了一些难以检测的问题，而且微电子技术的应用使得传感器的性能得到进一步提高。传感器正向着集成化、微型化、多功能、智能化、虚拟化、网络化、系统化、高精度，以及高可靠性和安全性方向发展。网络化的发展，以及和计算机的结合，不仅提高了传感器的性能（灵敏度、精度、选择性、线性度、抗干扰能力等），而且还可使其智能化水平、处理数据能力得到不断提高。

三、装配与装配方法

任何机器都是由许多零部件经过装配组合而成的。装配是机器制造过程中的最后一个阶段，包括装配、调整、检验和试车、试验等内容。通过装配，可以保证机器的质量，也能发现产品设计和零件制造中的问题，从而不断改进和提高产品质量，降低成本。

装配精度的高低不仅影响产品的质量，而且会影响制造的经济性，它是确定零部件精度要求和制订装配工艺规程的一项重要依据。机器的装配精度的主要内容包括零部件间的尺寸精度、相对运动精度、相互位置精度和接触精度。

机器、部件、组件等是由零件装配而成的，因而零件的有关精度将直接影响相应的装配精度。例如，滚动轴承游隙的大小是装配最终的一项精度要求，它由滚动体的精度、轴承外环内滚道的精度及轴承内环外滚道的精度来保证，合理地控制这三个精度，可使三项误差的累积值等于或小于轴承游隙的规定值。

可见，要合理地保证装配精度，必须从机构的设计、零件的加工、机器的装配以及检验等全过程来综合考虑。在机器设计过程中，应合理地规定零件的尺寸公差和技术条件，并计算、校核零部件的配合尺寸及公差是否协调。在制订装配工艺、确定装配工序内容时，应采取相应的工艺措施，合理地确定装配方法，以保证机器性能和重要部位的装配精度要求。

为了达到装配精度，人们根据产品的结构特点、性能要求、生产纲领和生产条件创造出许多行之有效的装配方法，主要有互换法、选配法、修配法和调整法四大类。

（一）互换法

互换法可以根据互换程度，分完全互换和不完全互换两种类型。

完全互换就是机器在装配过程中每个待装配零件不需挑选、修配和调整，装配后就能达到装配精度要求的一种装配方法，这种方法用控制零件的制造精度来保证机器的装配精度。完全互换法的优点是:装配过程简单、生产效率高;对工人的技术水平要求不高;便于组织流水作业及实现自动化装配;便于采用协作生产方式,组织专业化生产,降低成本;备件供应方便,利于维修等。因此,只要能满足零件的经济精度加工要求,无论何种生产类型,首先考虑采用完全互换装配法。

当机器的装配精度要求较高、装配的零件数目较多,难以满足零件的经济精度加工要求时,可以采用不完全互换法保证机器的装配精度。采用不完全互换法装配时,零件的加工误差可以放大一些,使零件加工容易、成本低,同时也达到部分互换的目的。其缺点是将会出现一部分产品的装配精度超差。

(二)选配法

在成批或大量生产的条件下,若组成零件不多但装配精度很高,采用互换法将使零件公差过严,甚至超过了加工工艺的现实可能性。在这种情况下,可采用选配法进行装配。选配法又分三种:直接选配法、分组选配法和复合选配法。

直接选配法是由装配工人从许多待装的零件中,凭经验挑选合适的零件装配在一起,保证装配精度。这种方法的优点是简单,但是工人挑选零件的时间可能较长,而装配精度在很大程度上取决于工人的技术水平,故不宜用于大批量的流水线装配。

分组选配法是先将被加工零件的制造公差放宽几倍(一般 3～4 倍),加工后测量分组(公差带放宽几倍分几组),并按对应组进行装配以保证装配精度的方法。分组选配法在机器装配中用得很少,只在内燃机、轴承等大批量生产时有一定的应用。

复合选配法是上述两种方法的复合。先将零件预先测量分组,装配时再在各对应组内凭工人的经验直接选择装配。这种装配方法的特点是配合公差可以不等。其装配质量高,速度较快,能满足一定生产节拍的要求。在发动机的汽缸与活塞的装配中,多采用这种方法。

（三）修配法

在单件小批量生产中，装配精度要求很高且组成环比较多时，各组成环先按经济精度加工，装配时通过修配某一组成环的尺寸，使封闭环的精度达到产品精度要求，这种装配方法称为修配法。修配法的优点是能利用较低的制造精度来获得很高的装配精度，其缺点是修配工作量大、要求工人技术水平高、不易预定工时、不便组织流水作业。利用修配法达到装配精度的方法较多，常用的有单件修配法、合并修配法和自身加工修配法等。

（四）调整法

调整法与修配法在原理上是相似的，但具体方法不同。调整法装配是将所有组成环的公差放大到经济精度规定的公差进行加工，在装配结构中选定一个可调整的零件，装配时用改变调整件的位置或更换不同尺寸的调整件来保证规定的装配精度要求。常见的调整法有可动调整法、固定调整法和误差抵消调整法三种。

第二章　机械制造与工艺设备

第一节　热　加　工

热加工是在高于再结晶温度的条件下，使金属材料同时产生塑性变形和再结晶的加工方法。热加工通常包括铸造、锻造、焊接、热处理等工艺。热加工能使金属零件在成形的同时改善它的组织或者使已成形的零件改变既定状态以改善零件的机械性能。

一、铸造

熔炼金属，制造铸型，并将熔融金属浇入铸型，凝固后获得一定形状和性能铸件的成形方法，称为铸造。铸造是一门应用科学，广泛用于生产机器零件或毛坯，其实质是液态金属逐步冷却凝固而成形。其具有以下优点：可以生产出形状复杂，特别是具有复杂内腔的零件毛坯，如各种箱体、床身、机架等。铸造生产的适应性广，工艺灵活性大。工业上常用的金属材料均可用来进行铸造，铸件的质量可由几克到几百吨，壁厚可由0.5mm到1m。铸造用原材料大多来源广泛、价格低廉，并可直接利用废机件，故铸件成本较低。

随着铸造技术的发展，除了机器制造业外，在公共设施、生活用品、工艺美术和建筑等国民经济各个领域，也广泛采用各种铸件。

铸件的生产工艺方法大体分为砂型铸造和特种铸造两大类。

（一）砂型铸造

在砂型铸造中，造型和造芯是最基本的工序。它们对铸件的质量、生产率和成本的影响很大。造型通常可分为手工造型和机器造型。手工造型是用手工或手动工具完成紧砂、起模、修型工序。其特点为:①操作灵活,可按铸件尺寸、形状、批量与现场生产条件灵活地选用具体的造型方法;②工艺适应性强;③生产准备周期短;④生产效率低;⑤质量稳定性差,铸件尺寸精度、表面质量较差;⑥对工人技术要求高,劳动强度大。

手工造型主要适用于单件、小批量铸件或难以用造型机械生产的形状复杂的大型铸件。

随着现代化大生产的发展,机器造型已代替了大部分的手工造型。机器造型不但生产率高,而且质量稳定、劳动强度低,是成批大量生产铸件的主要方法。机器造型的实质是采用机器完成全部操作,至少完成紧砂操作的造型方法,效率高,铸型和铸件质量高,但投资较大,适用于大量或成批生产的中小铸件。

在铸造生产中,一般根据产品的结构、技术要求、生产批量及生产条件进行工艺设计。铸造工艺设计包括选择浇铸位置和分型面,确定浇铸系统,确定型芯的形式等几个方面。

(二)特种铸造

随着科学技术的发展和生产水平的提高,对铸件质量、劳动生产率、劳动条件和生产成本有了进一步的要求,因而铸造方法有了长足的发展。所谓特种铸造,是指有别于砂型铸造方法的其他铸造工艺。目前特种铸造方法已发展到几十种,常用的有熔模铸造、金属型铸造、离心铸造、压力铸造、低压铸造、陶瓷型铸造、实型铸造、磁型铸造、石墨型铸造、差压铸造、连续铸造、挤压铸造等。

特种铸造能获得如此迅速的发展,主要由于这些方法一般都能提高铸件的尺寸精度和表面质量,或提高铸件的物理及力学性能。此外,大多能提高金属的利用率(工艺出品率),减少原砂消耗量。有些方法更适宜于高熔点、低流动性、易氧化合金铸件的铸造;有的明显改善劳动条件,并便于实现机械化和自动化生产等。

铸造技术的发展趋势随着科学技术的进步和国民经济的发展,对铸造提出优质、低耗、高效、少污染的要求。铸造技术将向以下几方面发展:

1. 数字化、自动化技术的发展。随着汽车工业等大批大量制造的要求，各种新的造型方法（如高压造型、射压造型、气冲造型等）和制芯方法得到进一步开发和推广。当前，由于功能强大的现代 CAD/CAM 软件和数控机床等数字化成形与加工工具和设备的发展，为铸型的设计、制造提供了高效和高精度的铸型制造方法。

2. 特种铸造工艺的发展。随着现代工业对铸件的比强度、比刚度要求的增加，以及很少甚至无切削加工的发展，特种铸造工艺向大型铸件方向发展。铸造柔性加工系统逐步推广，逐步适应多品种少批量的产品升级换代的需求。复合铸造技术（如挤压铸造和熔模真空吸铸）和一些全新的工艺方法（如实型铸造工艺、超级合金等离子滴铸工艺等）逐步进入应用。

3. 特殊性能合金进入应用。球墨铸铁、合金钢、铝合金等高比强度、高比刚度的材料逐步进入应用。新型铸造功能材料，如铸造复合材料、阻尼材料和具有特殊磁学、电学、热学性能和耐辐射材料进入铸造成形领域。

4. 微电子技术进入使用。铸造生产的各个环节已开始使用微电子技术，如铸造工艺和模具的 CAD 及 CAM，凝固过程数值模拟，铸造过程自动检测、监测与控制，铸造工程 MIS，各种数据及专家系统，机器人的应用等。

5. 新的造型材料的开发和应用。

二、焊接

焊接是现代制造技术中重要的金属连接技术。焊接成形技术的本质在于：利用加热或者同时加热加压的方法，使分离的金属零件形成原子间的结合，从而形成新的金属结构。

焊接的实质是使两个分离的物体通过加热或加压，或两者并用，在用或不用填充材料的条件下借助于原子间或分子间的联系与质点的扩散作用形成一个整体的过程。要使两个分离的物体形成永久性结合，首先必须使两个物体相互接近到 0.3～0.5nm 的距离，使之达到原子间的力能够互相作用的程度，这对液体来说是很容易的。但对固体则需外部给予很大的能量才会使其接触表面之间达到原子间结合的距离。而实际金属由于固体硬度较高，无论其表面精度多高，实际上也只能是部分点接触，加之其表面还会有各种杂质，如氧化物、油脂、尘土及气体分子的吸附所形成的薄膜等，这些都是妨碍两个物体原子结合的因素。焊接技术就是采用加热、加压或两者并用的方法来克服阻碍原子结合的因素，以达到二者永久牢固连接的目的。

（一）焊接的优点

1. 接头的力学性能与使用性能良好。例如，120 万 kW 核电站锅炉，外径 6400mm、壁厚 200mm、高 13000mm，耐压 17.5MPa，使用温度 350℃，接缝不能泄漏。还有某些零件的制造只能采用焊接的方法连接，例如电子产品中的芯片和印刷电路板之间的连接，要求导电并具有一定的强度，到目前为止，只能用钎焊连接。

2. 与铆接相比，采用焊接工艺制造的金属结构质量轻，节约原材料，制造周期短，成本低。

（二）焊接的缺陷

焊接接头的组织和性能与母材相比会发生变化，容易产生焊接裂纹等缺陷，焊接后会产生残余应力与变形，这些都会影响焊接结构的质量。

（三）焊接种类

根据焊接过程的特点，主要有熔化焊、压力焊、钎焊。

熔化焊是利用局部加热的手段，将工件的焊接处加热到熔化状态，形成熔池，然后冷却结晶，形成焊缝。熔化焊简称熔焊。

压力焊是在焊接过程中对工件加压（加热或不加热）完成焊接。压力焊简称压焊。

钎焊是利用熔点比母材低的填充金属熔化以后，填充接头间隙并与固态的母材相互扩散实现连接。

焊接广泛用于汽车、造船、飞机、锅炉、压力容器、建筑、电子等工业部门。世界上钢产量的50%～60%要经过焊接才能最终投入使用。

（四）焊接的方法

1. 手工电弧焊

手工电弧焊是利用手工操纵电焊条进行焊接的电弧焊方法。电弧导电时，产生大量的热量，同时发出强烈的弧光。手工电弧焊是利用电弧的热量熔化熔池和焊条的。

焊缝形成过程：焊接时，在电弧高热的作用下，被焊金属局部熔化，在电弧吹力作用下，被焊金属上形成卵形的凹坑，这个凹坑称为熔池。

由于焊接时焊条倾斜，在电弧吹力作用下，熔池的金属被排向熔池后方，这样电弧就能不断地使深处的被焊金属熔化，达到一定的熔深。

焊条药皮熔化过程中会产生某种气体和液态熔渣。产生的气体充满电弧和熔池周围的空间，起到隔绝空气的作用。液态熔渣浮在液体金属表面，起保护液体金属的作用。此外，熔化的焊条金属向熔池过渡，不断填充焊缝。

熔池中的液态金属、液态熔渣和气体之间进行着复杂的物理、化学反应，称之为冶金反应，这种反应对焊缝的质量有较大的影响。

熔渣的凝固温度低于液态金属的结晶温度，冶金反应中产生的杂质与气体能从熔池金属中不断被排出。熔渣凝固后，均匀地覆盖在焊缝上。

焊缝的空间位置有平焊、横焊、立焊和仰焊。

焊条的组成与作用：焊条对手工电弧焊的冶金过程有极大的影响，是决定手工电弧焊焊接质量的主要因素。

焊条由焊芯与药皮组成。焊芯是一根具有一定长度与直径的钢丝。由于焊芯的成分会直接影响焊缝的质量，所以焊芯用的钢丝都需经过特殊冶炼，有专门的牌号。这种焊接专用钢丝称为焊丝，如H08A等。

焊条的直径就是指焊芯的直径。结构钢焊条直径从1.6～8mm，共分8种规格。焊条的长度是指焊芯的长度，一般均在200～550mm之间。

在焊接技术发展的初期，电弧焊采用没有药皮的光焊丝焊接。在焊接过程中，电弧很不稳定。此外，空气中的氧气和氮气大量侵入熔池，将铁、碳、锰等氧化或氮化成各种氧化物和氮化物。溶入的气体又产生大量气孔，这些都使焊缝的力学性能大大降低。在20世纪30年代，发明了药皮焊条，解决了上述问题，使电弧焊大量应用于工业中。

药皮的主要作用：药皮中的稳弧剂可以使电弧稳定燃烧，飞溅少，焊缝成形好。药皮中有造气剂，熔化时释放的气体可以隔离空气，保护电弧空间熔化后产生熔渣。熔渣覆盖在熔池上可以保护熔池。药皮中有脱氧剂（主要是锰铁、硅铁等）、合金剂。通过冶金反应，可以去除有害杂质；添加合金元素，可以改善焊缝的力学性能。碱性焊条中的萤石可以通过冶金反应去氢。

焊条按用途可分为碳钢焊条、低合金钢焊条、不锈钢焊条、铸铁焊条、堆焊焊条、镍合金焊条、铜合金焊条、铝合金焊条等。

2.其他焊接方法

(1)气焊与气割：气焊是利用气体火焰作为热源的焊接方法，常用氧-乙炔火焰作为热源。氧气和乙炔在焊炬中混合，点燃后加热焊丝和工件。气焊焊丝一般选用和母材相近的金属丝。焊接不锈钢、铸铁、铜合金、铝合金时，常使用焊剂去除焊接过程中产生的氧化物。

气割又称氧气切割，是广泛应用的下料方法。气割的原理是利用预热火焰将被切割的金属预热到燃点，再向此处喷射氧气流。被预热到燃点的金属在氧气流中燃烧形成金属氧化物。同时，这一燃烧过程放出大量的热量。这些热量将金属氧化物熔化为熔渣。熔渣被氧气流吹掉，形成切口。接着，燃烧热与预热火焰又进一步加热并切割其他金属。因此，气割实质上是金属在氧气中燃烧的过程。金属燃烧放出的热量在气割中具有重要的作用。

(2)CO_2气体保护焊：CO_2气体保护焊是以CO_2气体作为保护介质的气体保护焊方法。CO_2气体保护焊用焊丝作电极，焊丝是自动送进的。CO_2气体保护焊分为细丝CO_2气体保护焊（焊丝直径0.5～1.2mm）和粗丝CO_2气体保护焊（焊丝直径1.6～5.0mm）。细丝CO_2气体保护焊用得较多，主要用于焊接0.8～4.0mm的薄板。此外，药芯焊丝的CO_2气体保护焊也广泛使用。其特点是焊丝是空心管状的，里面充满焊药，焊接时形成气-渣联合保护，可以获得更好的焊接质量。

利用CO_2气体作为保护介质，可以隔离空气。CO_2气体是一种氧化性气体，在焊接过程中会使焊缝金属氧化。故要采取脱氧措施，即在焊丝中加入脱氧剂，如硅、锰等。CO_2气体保护焊常用的焊丝是硅锰合金。

CO_2气体保护焊的主要优点是：生产率高，比手工电弧焊高1～5倍，且工作时连续焊接，不需要换焊条，不必敲渣；成本低，CO_2气体是很多工业部门的副产品，成本较低。

CO_2气体保护焊是一种重要的焊接方法，主要用于焊接低碳钢和低合金钢，在汽车工业和其他工业部门中被广泛应用。

(3)电阻焊：在电阻焊时，电流在通过焊接接头时会产生接触电阻热。电阻焊是利用接触电阻热将接头加热到塑性或熔化状态，再通过电极施加压力，形成原子间结合的焊接方法。

(4)钎焊：钎焊时母材不熔化。钎焊时使用钎剂、钎料，将钎料加热到熔化状态，液态的钎料润湿母材，并通过毛细管作用填充到接头的间隙，进而与母材相互扩散，冷却后形成接头。钎焊接头的形式一般采用搭接，以便于钎料的流布。钎料放在焊接的间隙内或接头附近。

钎剂的作用是去除母材和钎料表面的氧化膜，覆盖在母材和钎料的表面，隔绝空气，具有保护作用。钎剂同时可以改善液体钎料对母材的润湿性能。

焊接电子零件时，钎料是焊锡，钎剂是松香，钎焊是连接电子零件的重要焊接工艺。

钎焊可分为两大类：硬钎焊与软钎焊。硬钎焊的特点是所用钎料的熔化温度高于450℃，接头的强度大，用于受力较大、工作温度较高的场合。所用的钎料多为铜基、银基等。钎料熔化温度低于450℃的钎焊是软钎焊。软钎焊常用锡铅钎料，适用于受力不大、工作温度较低的场合。

钎焊的特点是接头光洁、气密性好。因为焊接的温度低，所以母材的组织性能变化不大。钎焊可以连接不同的材料。钎焊接头的强度和耐高温能力比其他焊接方法差。钎焊广泛用于硬质合金刀头的焊接以及电子、电机、航空航天等工业。

(五)焊接新技术(焊接机器人)

近年来各国所安装的工业机器人中,大约一半是焊接机器人。焊接机器人大量使用在汽车制造等领域,适用于弧焊、点焊和切割。焊接机器人常安装在自动生产线上,或和自动上下料装置及自动夹具一起组成焊接工作站。工业机器人大量应用于焊接生产不是偶然的事情,这是由焊接工艺的必然要求所决定的。无论是电弧焊还是电阻焊,在由人工进行操作的时候,都要求焊枪或焊钳在空间保持一定的角度。随着焊枪或焊钳的移动,这个角度不断地由操作者人为地进行调整。也就是说,焊接时焊枪或焊钳不仅需要有位置的移动,同时应该有“姿态”的控制。满足这种要求的自动焊接就是焊接机器人。焊接机器人的应用,可以提高焊接质量,改善工人的工作条件,是焊接自动化的重大进展。

三、锻造

在冲击力或静压力的作用下,使热锭或热坯产生局部或全部的塑性变形,获得所需形状、尺寸和性能的锻件的加工方法称为锻造。

锻造一般是将轧制圆钢、方钢(中、小锻件)或钢锭(大锻件)加热到高温状态后进行加工。锻造能够改善铸态组织、铸造缺陷(缩孔、气孔等),使锻件组织紧密、晶粒细化、成分均匀,从而显著提高金属的力学性能。因此,锻造主要用于那些承受重载、冲击载荷、交变载荷的重要机械零件或毛坯,如各种机床的主轴和齿轮,汽车发动机的曲轴和连杆,起重机吊钩及各种刀具、模具等。

锻造分为自由锻造、模型锻造及胎模锻造。

(一)自由锻造

只采用通用工具或直接在锻造设备的上、下砥铁间使坯料变形获得锻件的方法称为自由锻。自由锻的原材料可以是轧材(中小型锻件)或钢锭(大型锻件)。自由锻工艺灵活、工具简单,主要适合于各种锻件的单件小批量生产，也是特大型锻件的唯一生产方法。

自由锻的设备有锻锤和液压机两大类。锻锤是以冲击力使坯料变形的，设备规格以落下部分的质量来表示。常用的有空气锤和蒸汽-空气锤。空气锤的吨位较小，一般只有 500～10000N，用于锻造 100kg 以下的锻件；蒸汽-空气锤的吨位较大，可达 10～50kN，可锻造 1500kg 以下的锻件。

液压机是以液体产生的静压力使坯料变形的，设备规格以最大压力来表示。常用的有油压机和水压机。水压机的压力大，可达 5000～15000kN，是锻造大型锻件的主要设备。

自由锻的基本工序是指锻造过程中直接改变坯料形状和尺寸的工艺过程，主要包括镦粗、拔长、弯曲、冲孔、扭转、错移等，其中最常用的是镦粗、拔长和冲孔。

镦粗是使坯料的整体或一部分高度减小、断面积增大的工序。拔长是减小坯料截面积、增加其长度的工序。冲孔是在实心坯料上冲出通孔或不通孔的工序。

（二）模型锻造

模型锻造简称为模锻，是将加热到锻造温度的金属坯料放到固定在模锻设备上的锻模模膛内，使坯料受压变形，从而获得锻件的方法。

与自由锻和胎模锻相比，模锻可以锻制形状较为复杂的锻件，且锻件的形状和尺寸较准确，表面质量好，材料利用率和生产效率高。但模锻需采用专用的模锻设备和锻模，投资大、前期准备时间长，并且由于受三向压应力变形，变形抗力大，故而模锻只适用于中小型锻件的大批量生产。

生产中常用的模锻设备有模锻锤、热模锻压力机、摩擦压力机、平锻机等。其中尤其是模锻锤工艺适应性广，可生产各种类型的模锻件，设备费用也相对较低，长期以来一直是我国模锻生产中应用最多的一种模锻设备。

锤模锻是在自由锻和胎模锻的基础上发展起来的，其所用的锻模是由带有燕尾的上模和下模组成的下模固定在模座上，上模固定在锤头上，并与锤头一起做上下往复的锤击运动。

根据锻件的形状和模锻工艺的安排,上、下模中都设有一定形状的凹腔,称为模膛。模膛根据功用分为制坯模膛和模锻模膛两大类。

制坯模膛的主要作用是按照锻件形状合理分配坯料体积,使坯料形状基本接近锻件形状。制坯模膛分为拔长模膛、弯曲模膛、成形模膛、镦粗台及压扁面等。

模锻模膛又分为预锻模膛和终锻模膛两种。预锻模膛的作用是使坯料变形到接近于锻件的形状和尺寸,以便在终锻成形时金属充型更加容易,同时减少终锻模膛的磨损,延长锻模的使用寿命。预锻模膛的圆角、模锻斜度均比终锻模膛大而且不设飞边槽。终锻模膛的作用是使坯料变形到热锻件所要求的形状和尺寸,待冷却收缩后即达到冷锻件的形状和尺寸。终锻模膛的分模面上有一圈飞边槽,用以增加金属从模膛中流出的阻力,促使金属充满模膛,同时容纳多余的金属。模锻件的飞边要在模锻后切除。

实际锻造时应根据锻件的复杂程度相应选用单模膛锻模或多模膛锻模。一般形状简单的锻件采用仅有终锻模膛的单模膛锻模,而形状复杂的锻件(如截面不均匀、轴线弯曲、不对称等)则要采用具有制坯、预锻、终锻等多个模膛的锻模逐步成形。

(三)胎模锻

胎模锻是在自由锻设备上使用可移动的简单模具生产锻件的一种锻造方法。胎模锻造一般先采用自由锻制坯,然后在胎模中终锻成形。锻件的形状和尺寸主要靠胎模的型槽来保证。胎模不固定在设备上,锻造时用工具夹持着进行锻打。

与自由锻相比,胎模锻生产效率高,锻件加工余量小,精度高;与模锻相比,胎模制造简单,使用方便,成本较低,又不需要昂贵的设备。因此胎模锻曾广泛用于中小型锻件的中小批量生产。但胎模锻劳动强度大,辅助操作多,模具寿命低,在现代工业中已逐渐被模锻所取代。

四、冲压

冲压是在冲床上用冲模使金属或非金属板料产生分离或变形而获得制件的加工方法。板料冲压通常在室温下进行，所以又称冷冲压。用于冲压的材料必须具有良好的塑性，常用的有低碳钢、高塑性合金钢、铝和铝合金、铜和铜合金等金属材料以及皮革、塑料、胶木等非金属材料。冲压的优点是生产率高，成本低；成品的形状复杂，尺寸精度高，表面质量好，且刚度大、强度高、质量轻，无需切削加工即可使用。因此在汽车、拖拉机、电机、电器、日常生活用品及国防工业生产中得到广泛应用。

冲压常用的设备有剪床和冲床两大类。剪床的主要用途是把板料切成一定宽度的条料，为下一步的冲压备料。而冲床主要用来完成冲压的各道工序。

（一）冲压的基本工序

冲压的基本工序主要有冲孔和落料、弯曲、拉深等。将板坯在冲模刃口作用下沿封闭轮廓分离的工序称为冲孔或落料。

冲孔是用冲裁模在工件上冲出所需的孔形，而落料是用冲裁模从坯料上冲下所需形状的板块，作为工件或进一步加工的坯料。两者的模具结构基本相同，只是尺寸有所差别。冲孔模的凸模尺寸由工件尺寸决定，凹模比凸模放大一定的间隙量；落料模的凹模尺寸由工件尺寸决定，凸模比凹模缩小一定的间隙量。弯曲是利用弯曲模使工件轴线弯成一定角度和曲率的工序。拉深是利用模具将平板毛坯变成杯形、盒形等开口空心工件的工序。

（二）冲模

冲模是实现坯料分离或变形必不可少的工艺装备。

1. 冲模的主要组成部分及作用：工作部分包括凸模、凹模等，实现板料分离或变形，完成冲压工序；定位部分包括导板、定位销等，用于控制坯料的送进方向和送进距离；卸料部分包括卸料板、顶板等，用于在冲压后卸取板坯或工件；导向部分包括导柱、导套等，用来保证上、下模合模准确;模体部分包括上下模板、模柄等,用于与冲床连接,传递压力。

2.冲模的种类:按照冲模完成的工序性质可分为冲孔模、落料模、弯曲模、拉深模等。按其工序的组合程度又可分为简单模、连续模和复合模。

简单模指在冲床的一次行程中只完成一道冲压工序的冲模。简单模结构简单但效率低,适合于小批量、低精度的冲压件生产。

连续模指在冲床的一次行程中,在模具的不同工位上完成两道或两道以上冲压工序的冲模。连续模效率高且结构相对简单,适合于大批量、一般精度的冲压件生产。

复合模指在冲床的一次行程中,在模具的同一工位上完成两道或两道以上冲压工序的冲模。复合模效率高但结构复杂,适合于大批量、高精度的冲压生产。

近年来,随着CAD/CAM技术和数控机床、加工中心的发展,模具的制造周期大大缩短,原来生产周期6～12个月的模具,现在采用加工中心,只需1周或1个月便能制造出来。因此,模具的应用日益广泛。

第二节 冷 加 工

在金属工艺学中,冷加工是指在低于再结晶温度下使金属产生塑性变形的加工工艺,如冷轧、冷拔、冷锻、冷挤压、冲压等。冷加工在金属成形的同时提高了金属的强度和硬度。在机械制造工艺学中,冷加工通常指金属的切削加工。

一、切削加工

(一)切削加工的分类

切削加工是利用切削工具从工件上切去多余材料的加工方法。通过切削加工使工件变成符合图样规定的形状、尺寸和表面粗糙度等方面要求的零件。切削加工分为机械和钳工加工两大类。

机械加工(简称机工)是利用机械力对各种工件进行加工的方法,它一般是通过工人操纵机床设备进行加工的,其方法有车削、钻削、膛削、铣削、刨削、拉削、磨削、研磨、超精加工和抛光等。

钳工加工(简称钳工)是指在钳台上以手工工具为主,对工件进行加工的各种加工方法。钳工的工作内容一般包括画线、锯削、挫削、刮削、研磨、钻孔、扩孔、铰孔、攻螺纹、套螺纹、机械装配和设备修理等。

对于有些工作,机械加工和钳工加工并没有明显的界限,例如钻孔和铰孔,攻螺纹和套螺纹,二者均可进行。随着加工技术的发展和自动化程度的提高,目前钳工加工的部分工作已被机械加工所替代,机械装配也在一定范围内不同程度地实现了机械化和自动化,而且这种替代现象将会越来越多。尽管如此,钳工加工永远也不会被机械加工完全替代,将永远是切削加工中不可缺少的一部分。这是因为,在某些情况下,钳工加工不仅比机械加工更灵活、经济、方便,而且更容易保证产品的质量。

(二)切削加工的特点和作用

1.切削加工的精度和表面粗糙度的范围广泛,且可获得高的加工精度和低的表面粗糙度。

2.切削加工零件的材料、形状、尺寸和重量的范围较大。切削加工多用于金属材料的加工,如各种碳钢、合金钢、铸铁、有色金属及其合金等,也可用于某些非金属材料的加工,如石材、木材、塑料和橡胶等;零件的形状和尺寸一般不受限制,只要能在机床上实现装夹,大都可进行切削加工,且可加工常见的各种型面,如外圆、内圆、锥面、平面、螺纹、齿形及空间曲面等。切削加工零件质量的范围很大,重的可达数百吨,如葛洲坝一号船闸的闸门,高30多米,重600吨;轻的只有几克,如微型仪表零件。

3.切削加工的生产率较高。在常规条件下,切削加工的生产率一般高于其他加工方法。只是在少数特殊场合,其生产率低于精密铸造、精密锻造和粉末冶金等方法。

4.切削过程中存在切削力,刀具和工件均要具有一定的强度和刚度,且刀具材料的硬度必须大于工件材料的硬度。因此,限制了切削加工在细微结构与高硬度高强度等特殊材料加工方面的应用，从而给特种加工留下了生存和发展的空间。

正是因为上述特点和生产批量等因素的制约，在现代机械制造中，目前除少数采用精密铸造、精密锻造以及粉末冶金和工程塑料压制成形等方法直接获得零件外，绝大多数机械零件要靠切削加工成形。因此，切削加工在机械制造业中占有十分重要的地位，目前占机械制造总工作量的40％～60％。它与国家整个工业的发展紧密相连，发挥着举足轻重的作用。可以说，没有切削加工，就没有机械制造业。

（三）切削加工的发展方向

随着科学技术和现代工业日新月异的发展，切削加工也正朝着高精度、高效率、自动化、柔性化和智能化方向发展。主要体现在以下三方面：加工设备朝着数字化、精密和超精密化以及高速和超高速方向发展。目前，普通加工、精密加工和高精度加工的精度已经达到了 1μm、0.01μm 和 0.001μm，正向原子级加工逼近；刀具材料朝超硬刀具材料方向发展；生产规模由目前的小批量和单品种大批量向多品种变批量的方向发展，生产方式由目前的手工操作、机械化、单机自动化、刚性流水线自动化向柔性自动化和智能自动化方向发展。

21 世纪的切削加工技术与计算机、自动化、系统论、控制论及人工智能、计算机辅助设计与制造、计算机集成制造系统等高新技术及理论融合更加密切，出现了很多新的先进制造技术，切削加工正向着高精度、高速度、高效自动化、柔性化和智能化等方向发展，并由此推动了其他各新兴学科和经济的高速发展。

1.车削。车削加工是机械零件加工中最常用的一种加工方法。它是利用车刀在车床上完成加工，加工时，工件旋转，车刀在平面内做直线或曲线移动。

车削主要用来加工工件的内外圆柱面、端面、锥面、螺纹、成形回转表面和滚花等。

2.铣削。铣削加工就是用旋转的铣刀作为刀具的切削加工。铣削一般在卧式铣床(简称卧铣)、立式铣床(简称立铣)、龙门铣床、工具铣床以及各种专用铣床上或镗床上进行。

铣削可加工平面(按加工时所处位置又分为水平面、垂直面、斜面)、沟槽(包括直角槽、键槽、V形槽、燕尾槽、T形槽、圆弧槽、螺旋槽)和成形面等,还可进行孔加工(包括钻孔、扩孔、铰孔、铣孔)和分度工作。铣平面是平面加工的主要方法之一,有端铣、周铣和二者兼有三种方式,所用刀具有镶齿端铣刀、套式立铣刀、圆柱铣刀、三面刃铣刀和立铣刀等。镶齿端铣刀生产率高,应用很广泛,主要用于加工大平面。套式立铣刀生产率较低,用于铣削各种中小平面和台阶面。圆柱铣刀用于卧铣,铣削中小平面。三面刃铣刀用于卧铣,铣削小型台阶面和四方六方螺钉头等小平面。立铣刀多用于铣削中小平面。

磨削用于加工各种工件的圆柱面、圆锥面和平面,以及螺纹、齿轮和花键等特殊、复杂的成形表面。由于磨粒的硬度很高,磨具具有自锐性,磨削可以加工各种材料。磨削的功率比一般的切削大,而金属切除率比一般的切削小,故在磨削之前工件通常都先经过其他切削方法去除大部分加工余量,仅留0.1～1.0mm或更小的磨削余量。常用的磨削形式有外圆磨削、内圆磨削、平面磨削和无心磨削等。

(1)外圆磨削。主要在普通外圆磨床和万能外圆磨床上进行,具体方法有纵磨法和横磨法两种。采用纵磨法磨削时,工件宽度大于砂轮宽度,工件做纵向往复运动;而横磨法磨削时,工件宽度小于砂轮宽度,工件不做纵向移动。两种方法相比,纵磨法加工精度较高,但生产率较低;横磨法生产率较高,但加工精度较低。因此,纵磨法广泛用于各种类型的生产中,而横磨法只适用于大批量生产中磨削刚度较好、精度较低、长度较短的轴类零件上的外圆表面和成形面。

(2)内圆磨削。主要在内圆磨床和万能外圆磨床上进行。与外圆磨削相比,由于磨内圆砂轮受孔径限制,切削速度难以达到磨外圆的速度,且砂轮轴直径小、悬伸长、刚度差、易弯曲变形和振动,砂轮与工件成内切圆接触,接触面积大,磨削热多,散热条件差,表面易烧伤。因此,磨内圆比磨外圆生产率低，加工精度和表面质量也较难控制。

(3)平面磨削。磨平面在平面磨床上进行，其方法有周磨法和端磨法两种，周磨法就是用砂轮外圆表面磨削的方法，而端磨法就是用砂轮端面磨削的方法。周磨法加工精度高，表面粗糙度值小，但生产率较低，多用于单件小批量生产中，大批量生产中亦可采用。端磨法生产率较高，但加工质量略差于周磨法，多用于大批量生产且磨削精度要求不太高的平面。磨平面常作为铣平面或刨平面后的精加工，特别适宜磨削具有相互平行平面的零件。此外，还可磨削导轨平面。机床导轨多是几个平面的组合，在成批大量生产中，常在专用的导轨磨床上对导轨面做最后的精加工。

(4)无心磨削。一般在无心磨床上进行，用以磨削工件外圆。磨削时，工件不用顶尖定心和支撑，而是放在砂轮与导轨之间，由其下方的托板支撑，并由导轮带动旋转。无心磨削也有纵磨法和横磨法两种。当导轮轴线与砂轮轴线调整成斜交 $1^{\circ}\sim6^{\circ}$时，工件能边旋转边自动沿轴向做纵向进给运动，称为无心纵磨法。无心纵磨法主要用于大批量生产细长光滑轴及销钉等零件的外圆磨削。当导轮的轴线与砂轮轴线平行时，工件不做轴向移动，称之为无心横磨法。无心横磨法主要用于磨削带台肩而又较短的外圆、锥面和成形面等。

3.钻削。用钻头或铰刀、锪刀在工件上加工孔的方法统称钻削加工，主要用来钻孔、扩孔、铰孔、锪孔、钻中心孔、攻丝等加工。

(1)钻孔：用钻头在实体材料上加工孔的方法称为钻孔。钻孔是最常用的孔加工方法之一，属于粗加工。麻花钻是钻孔最常用的刀具。

(2)扩孔：用扩孔刀具扩大工件孔径的方法称为扩孔。扩孔所用机床与钻孔相同。可用扩孔钻扩孔，也可用直径较大的麻花钻扩孔。常用的扩孔钻的直径规格为 15～50mm。

(3)铰孔：用铰刀在工件孔壁上切除微量金属层，以提高尺寸精度和降低表面粗糙度的方法称为铰孔。铰孔所用机床与钻孔相同。铰孔可加工圆柱孔和圆锥孔，可以在机床上进行(机铰)，也可以手工进行(手铰)。铰孔属于定径刀具加工，适宜加工中批或大批量生产中不宜拉削的孔。

(4)锪孔:用锪钻(或代用刀具)加工平底和锥面沉孔的方法称为锪孔。锪孔一般在钻床上进行,虽不如钻、扩、铰应用得那么广泛,但也是一种不可缺少的加工方法。

4.镗削。镗削加工是利用镗刀刀具在镗床上完成的加工。在镗削加工时,镗床主轴带动镗刀做旋转运动,工件或镗刀做进给运动完成切削加工,是孔加工常用的方法之一。

铣镗床镗孔主要用于机座、箱体、支架等大型零件镗孔和孔隙的加工。此外,铣镗床还可以加工外圆和平面,主要加工箱体和其他大型零件上与孔有位置精度要求,需要与孔在一次安装中加工出来的短而大的外圆和端平面等。

二、机床与刀具

机床就是对金属或其他材料的坯料或工件进行加工,使之获得所要求的几何形状、尺寸精度和表面质量的机器。要完成切削加工,在机床上必须完成所需要的零件表面成形运动,即刀具与工件之间必须具有一定的相对运动,以获得所需表面的形状,这种相对运动称为机床的切削运动。

机床运动包括表面成形运动和辅助运动。表面成形运动,根据其功用不同可分为主运动、进给运动和切入运动。

主运动是零件表面成形中机床上消耗功率最大的切削运动。进给运动是把工件待加工部分不断投入切削区域,使切削得以继续进行的运动。切入运动是使刀具切入工件表面一定深度的运动。辅助运动主要包括工件的快速趋近和退出快移运动、机床部件位置的调整、工件分度、刀架转位、传送夹料等。普通机床的主运动一般只有一个,与进给运动相比,它的速度高,消耗机床功率多。进给运动可以是一个或多个。

(一)车床及车刀

车床是机械制造中使用最广泛的一类机床,在金属切削机床中所占的比重最大,占机床总台数的20%～30%。车床用于加工各种回转表面，如内外圆柱表面、圆锥面及成形回转表面等，有些车床还能加工螺纹面。

车床的种类很多，按其用途和结构不同，可分为卧式车床、转塔车床、立式车床、单轴和多轴自动车床、仿形车床、多刀车床、数控车床和车削中心、各种专门化车床（如铲齿车床、凸轮轴车床、曲轴车床及轧辊车床）等。

车削加工所用的刀具主要是各种车刀。车刀由刀柄和刀体组成。刀柄是刀具的夹持部分，刀体是刀具上夹持或焊接刀条、刀片的部分，或由它形成切削刃的部分。此外，多数车床还可用钻头、扩孔钻、丝锥、板牙等孔加工刀具和螺纹刀具进行加工。

（二）铣床与铣刀

铣床是用铣刀进行铣削加工的机床。铣床的主运动是铣刀的旋转运动，而工件做进给运动。铣床的种类很多，按其用途和结构不同，铣床分为卧式铣床、立式铣床、万能铣床、龙门铣床、工具铣床以及各种专用铣床。

铣刀是一种多齿刀具，可用于加工平面、台阶、沟槽及成形表面等。铣削加工时，同时切削的刀齿数多，参加切削的刀刃总长度长，所以生产效率高。铣刀是使用量较大的一种金属切削刀具，其使用量仅次于车刀及钻头。

（三）磨床与砂轮

用磨料或磨具作为切削刀具对工件表面进行磨削加工的机床，称为磨床。磨床是各类金属切削机床中品种最多的一类，主要有外圆、内圆、平面、无心、工具磨床和各种专门化磨床等。磨床的应用范围很广，凡在车床、铣床、镗床、钻床、齿轮和螺纹加工机床上加工的各种零件表面，都可在磨床上进行磨削精加工。

砂轮是磨床所用的主要加工刀具，砂轮磨粒的硬度很高，就像一把锋利的尖刀，切削时起着刀具的作用，在砂轮高速旋转时，其表面上无数锋利的磨粒就如同多刃刀具，将工件上一层薄薄的金属切除，从而形成光洁精确的加工表面。

砂轮是由结合剂将磨料颗粒黏结而成的多孔体，由磨料、结合剂、气孔三部分组成。磨料起切削作用，结合剂把磨料结合起来，使之具有一定的形状、硬度和强度。由于结合剂没有填满磨料之间的全部空间，因而有气孔存在。

砂轮的组织表示磨粒、结合剂和气孔三者体积的比例关系。磨粒在砂轮体积中所占比例越大，砂轮的组织越紧密，气孔越小；反之，组织疏松。砂轮磨粒占的比例越小，气孔就越大，砂轮越不易被切屑堵塞，切削液和空气也易进入磨削区，使磨削区温度降低，使工件因发热而引起的变形和烧伤减小。但砂轮易失去正确廓形，降低成形表面的磨削精度，增大表面粗糙度。

随着科学技术的不断发展，近年来出现了多种新磨料，使高速磨削和强力磨削工艺得到迅速发展，提高了磨削效率并促进了新型磨床的产生。同时，磨削加工范围不断扩大，如精密铸造和精密锻造工件可直接磨削成成品。因此，磨床在金属切削机床中所占的比例不断上升，在工业发达国家已达30%以上。

三、机床夹具

从广义上来说，为保证加工过程中工序的质量和工作安全、提高生产率、减轻工人劳动强度等所采用的一切附加装置都称为夹具。具体来讲，机床夹具就是对工件进行定位、夹紧，对刀具进行导向和对刀，以保证工件和刀具间相对位置关系的附加装置，如卡盘、平口钳、各种钻模等。将刀具在机床上进行定位、夹紧的装置，称为辅助工具，如钻夹头、刀夹、铣刀杆等。

（一）夹具的组成

1. 定位元件。用来确定工件在夹具中位置的元件。

2. 夹紧装置。用来夹紧工件，使其保持在正确的定位位置上的夹紧装置和夹紧元件。

3. 对刀和导引元件。用来确定刀具位置或引导刀具方向的元件。

4.连接元件。用来确定夹具和机床之间正确位置的元件。

5.其他元件及装置。如分度装置,为便于卸下工件而设置的顶出器、动力装置的操作系统等。

6.夹具体。将上述元件和装置连成整体的基础件。

(二)夹具的功用

1.保证加工质量。如保证相互位置精度等。

2.提高劳动生产率和降低生产成本。用夹具装夹工件,避免了工件逐件找正和对刀,缩短了安装工件的时间;用夹具容易实现多件、多工位加工,提高了劳动生产率;还可边加工边安装工件,使机动时间与辅助时间重合,进一步缩短辅助时间,从而降低生产成本。

3.扩大机床的工艺范围。在机床上安装夹具可以扩大其工艺范围,如在铣床上加一个转台或分度装置,可以加工有等分要求的零件;在车床上或钻床上安放镗模后可以进行箱体孔系的镗削加工,使车床、钻床具有镗床的功能。

4.减轻劳动强度。

(三)夹具的分类

1.通用夹具。指已经标准化了的夹具,它具有一定的通用性,适用于不同工件的装夹。它可与通用机床配套,作为通用机床的附件。

2.专用夹具。为加工某一零件或为某一道工序而专门设计的夹具。它结构紧凑,针对性强,使用方便,但它的设计与制造周期较长,制造费用也较高。当产品变更时,往往因无法再用而“报废”,因此专用夹具适用于产品固定的批量较大的生产中。

3.可调夹具。把通用夹具与专用夹具相结合,通过少量零件的调整、更换就能适应某些零件加工的夹具。可调夹具由基本部分和可调部分组成。基本部分即通用部分,包括夹具体、动力装置和操纵机构;可调部分即专用部分,是为某些工件或某类工件专门设计的,包括定位元件、夹紧元件和导向元件等。可调夹具在多品种,中、小批工件的生产中被广泛采用。

4.组合夹具。是按某一工件的某道工序的加工要求，由一套事先准备好的通用标准元件和部件组合而成的夹具。标准元件包括基础件、支撑元件、定位元件、导向元件、夹紧元件、紧固元件、辅助元件和组件等八类。这些元件相互配合部分尺寸精度高、硬度高及耐磨性好，并有互换性。用这些元件组装的夹具用完之后可以拆卸存放，重新组装新夹具时再次使用。采用组合夹具可减轻专用夹具设计和制造的工作量，缩短生产准备周期，具有灵活多变、可重复使用的特点，因此在多品种、单件小批量生产及新产品试制中尤为适用。

5.随行夹具。适用于自动线上的一种移动式夹具。工件安装在随行夹具上，随行夹具由运输装置送往各机床并在机床夹具或机床工作台上进行定位和夹紧。

第三节　特种加工

一、特种加工概述

在长期的生产实践中，人们发现一直占据统治地位的切削加工存在着明显的弱点。例如当材料的硬度过高、零件的精度要求过高、零件的结构过于复杂或零件的刚度较差时，传统的切削加工就显得难以适应。为此，人们不断探索新的加工方法，陆续发明了一系列新的非常规加工方法，从而开创了特种加工的广阔领域。特种加工就是直接利用电能、热能、光能、声能、化学能和电化学能，有时也结合机械能对工件进行加工。目前已有的特种加工方法主要有电火花加工、电解加工、超声波加工、水射流加工和激光加工等。

（一）特种加工的主要优点

1.工具材料的硬度可以大大低于被加工工件材料的硬度。

2.可直接利用电能、电化学能、声能或光能等能量对材料进行加工。

3.加工过程中的机械力不明显。

4.各种加工方法可以有选择地复合成新的加工方法,使生产效率成倍地增长,加工精度也相应提高。

5.几乎每产生一种新的能源,就有可能导致一种新的特种加工方法产生。

(二)采用特种加工方法可以解决的工艺难题

1.解决各种难切削材料的加工问题,如耐热钢、不锈钢、钛合金、淬火钢、硬质合金、陶瓷、宝石、金刚石,以及锗和硅等各种高强度、高硬度、高韧性、高脆性以及高纯度的金属和非金属材料的加工。

2.解决各种复杂零件表面的加工问题,如各种热锻模、冲裁模和冷拔模的模腔和型孔、整体涡轮、喷气涡轮机叶片、炮管内腔线以及喷油嘴和喷丝头的微小异形孔的加工。

3.解决各种精密的、有特殊要求的零件加工问题,如航空航天、国防工业中表面质量和精度要求都很高的陀螺仪、伺服阀,以及低刚度的细长轴、薄壁筒和弹性元件等的加工。

(三)特种加工给机械制造工艺技术带来的主要影响

特种加工自问世以来,由于其突出的工艺特点和日益广泛的应用,逐步深化了人们对制造工艺技术的认识,同时也引起了制造工艺技术的一系列变革。

1.改变了对材料可加工性的认识。对切削加工而言,淬火钢、硬质合金、陶瓷、立方氮化硼和金刚石一直被认为是难切削材料。而自从有了特种加工技术,淬火钢和硬质合金采用电火花成形加工和电火花线切割加工已不再是难事。现在广泛使用的由陶瓷、立方氮化硼和人造聚晶金刚石制成的刀具和工具(拉丝模)等,也都可以采用电火花、电解、超声波和激光等多种方法进行加工。这样,材料的可加工性就不再仅仅以材料的强度、硬度、韧性和脆性等来进行衡量,而是与所选择的加工方法有关。

2.重新衡量设计结构工艺性的优劣问题。在传统的结构设计中,常认为方孔、小孔、弯孔和窄缝的结构工艺性很差,而对特种加工来说,利用电火花穿孔和电火花线切割加工孔时,方孔和圆孔在加工难度上是没有差别的。有了高速电火花小孔加工专用机床后，各种导电材料的小孔加工也变得更为容易。喷丝头上的各种异形孔由以往的不能加工变为可以加工。过去因一时疏忽在淬火前没有钻的定位销孔以及没有铣的槽，淬火后因难以切削加工只能报废，现在可用电加工方法予以补救。过去攻螺纹因无法取出孔内折断的丝锥而使工件报废的现象已不复存在。有了特种加工，设计和工艺人员在设计零件结构、安排工艺过程时有了更大的灵活性和选择余地。

3.给零件的结构设计带来重大变革。例如喷气发动机的叶轮由于形状复杂，过去只能在做好一个个的叶片后组装而成，而有了电解加工后，设计人员就可以设计整体涡轮了。又如山形硅钢片冲模，结构复杂，不易制造，往往采用拼镶结构，而有了电火花线切割后，就可以设计成整体结构。

4.可以进一步优化零件的加工工艺过程。按传统切削加工方法考虑，所有切削加工方法除磨削外，一般都需要安排在淬火工序之前。按照常规，这是工艺人员必须遵循的工艺准则之一。但是采用特种加工方法后，工艺人员可以先安排淬火再加工孔槽，如采用电火花成形加工、电火花线切割加工或电解加工的零件常先安排淬火再进行加工，这已成为比较典型的工艺过程。

总之，各种特种加工方法不仅给设计师提供了更广阔的结构设计的新天地，而且给工艺师提供了解决各种工艺难题的新手段，有力地促进了我国的科技发展和技术进步。随着我国国民经济和科学技术飞速发展的需要，特种加工技术将取得更加辉煌的成就。

二、电火花加工

电器开关在合上或拉开时，有可能因局部放电使开关的接触部位烧蚀，这种现象称为电蚀。电火花加工正是在一定的液体介质中，利用脉冲放电对导电材料的电蚀现象来蚀除材料，从而使零件的尺寸、形状和表面质量达到预定技术要求的一种加工方法。在特种加工中，电火花加工的应用最为广泛。

（一）电火花加工的类型

电火花加工方法按其加工方式和用途不同，大致可分为电火花成形加工、电火花线切割加工、电火花磨削和镗磨加工、电火花同步回转加工、电火花表面强化与刻字等五大类，其中又以电火花穿孔成形加工和电火花线切割加工的应用最为广泛。

电火花加工的尺寸精度随加工方法而异。目前电火花成形加工的平均尺寸精度为0.05mm，最高精度可达0.005mm；电火花线切割的平均加工精度为0.01mm，最高精度可达0.005mm。

（二）电火花加工的优点

1. 由于电火花加工是利用极间火花放电时所产生的电腐蚀现象，靠高温熔化和气化金属进行蚀除加工的，因此，可以使用较软的紫铜等工具电极，对任何导电的难加工材料进行加工，达到以柔克刚的效果。如加工硬质合金、耐热合金、淬火钢、不锈钢、金属陶瓷、磁钢等用普通加工方法难以加工或无法加工的材料。

2. 由于电火花加工是一种非接触式加工，加工时不产生切削力，不受工具和工件刚度的限制，因而有利于实现微细加工。如对薄壁、深小孔、盲孔、窄缝及弹性零件等的加工。

3. 由于电火花加工中不需要复杂的切削运动，因此，有利于异形曲面零件的表面加工。而且，由于工具电极的材料可以较软，工具电极较易制造。

4. 尽管利用电火花加工方法加工工件时放电温度较高，但因放电时间极短，所以加工表面不会产生厚的热影响层，因而适于加工热敏感性很强的材料。

5. 电火花加工时，脉冲电源的电脉冲参数调节及工具电极的自动进给等均可通过一定措施实现自动化，这使得电火花加工与微电子、计算机等高新技术的互相渗透与交叉成为可能。目前，自适应控制、模糊逻辑控制的电火花加工已经开始应用。

但是电火花加工也有缺点：在电火花加工时，工具电极的损耗会影响加工精度。

三、超声波加工

人耳所能感受到的声波频率在16～16000Hz范围内，当声波频率超过16000Hz时，就是超声波。超声波加工是利用工具端面的超声频振动，或借助于磨料悬浮液加工硬脆材料的一种工艺方法。前边所介绍的电火花加工，一般只能加工导电材料，而利用超声波振动，则不但能加工像淬火钢、硬质合金等硬脆的导电材料，而且更适合加工像玻璃、陶瓷、宝石和金刚石等硬脆的非金属材料。

（一）超声波加工的原理

超声波发生器产生的超声频电振荡，通过换能器转变为超声频的机械振动。变幅杆将振幅放大到0.01～0.15mm，再传给工具，并驱动工具端面做超声振动。在加工过程中，由于工具与工件间不断注入磨料悬浮液，当工具端面以超声频冲击磨料时，磨料再冲击工件，迫使加工区域内的工件材料不断被粉碎成很细的微粒脱落下来。此外，当工具端面以很大的加速度离开工件表面时，加工间隙中的工作液内可能由于负压和局部真空形成许多微空腔。当工具端面再以很大的加速度接近工件表面时，空腔闭合，从而形成可以强化加工过程的液压冲击波，这种现象称为“超声空化”。因此，超声波加工过程是磨粒在工具端面的超声振动下以机械锤击和研抛为主、以超声空化为辅的综合作用过程。

（二）超声波加工的特点

1.超声波加工适宜于加工各种硬脆材料，尤其是利用电火花和电解加工方法难以加工的不导电材料和半导体材料，如玻璃、陶瓷、玛瑙、宝石、金刚石以及锗和硅等。

2.由于超声波加工中的宏观机械力小，因此能获得良好的加工精度和表面粗糙度，尺寸精度可达0.02～0.01mm，表面粗糙度值可达0.8～0.1μm。

3.超声波加工时,工具和工件无需做复杂的相对运动,因此普通的超声波加工设备结构较简单。但若需要加工复杂精密的三维结构,仍需设计与制造三坐标数控超声波加工机床。

(三)超声波加工的应用范围

超声波加工的生产率一般低于电火花加工和电解加工,但加工精度和表面质量都优于前者。更重要的是,它能加工前者所难以加工的半导体和非导体材料,因此应用也十分广泛。它主要应用在以下方面:

1.型孔和型腔加工。目前超声波加工主要用于加工硬脆材料的圆孔、异形孔和各种型腔,以及进行套料、雕刻和研抛等。

2.切割加工。锗、硅等半导体材料又硬又脆,用机械切割非常困难,采用超声波切割则十分有效。

3.超声波清洗。超声波在液体中会产生交变冲击波和超声空化现象,这两种作用的强度达到一定值时,产生的微冲击就可以使被清洗物表面的污渍遭到破坏并脱落下来。而且超声作用无孔不入,所以即使是小孔和窄缝中的污物也容易被清洗干净。目前,超声波清洗不但用于机械零件或电子器件的清洗,也用于医疗器皿如生理盐水瓶、葡萄糖水瓶的清洗。利用超声振动去污原理,国外已生产出超声波洗衣机。

4.超声波焊接。超声波焊接是利用超声频的振动作用去除工件表层的氧化膜,使工件露出新的本体表面的一种加工方法。加工时,被焊工件表层的分子在高速振动撞击下,摩擦生热并亲和焊接在一起。

超声波的应用范围十分广泛。由于其具有定向发射、定向反射等特性,超声波可以用于测距和无损检测等;还可以利用超声振动制作医疗用的超声手术刀等。

四、电解加工

电解加工是利用金属在电解液中产生阳极溶解的电化学原理对工件进行成形加工的一种工艺方法,是电化学加工中的一种重要方法。

（一）电解加工的特点

1. 不受材料本身强度、硬度和韧性的限制，可以加工淬火钢、硬质合金、不锈钢和耐热合金等高强度、高硬度和高韧性的导电材料。

2. 加工中不存在机械切削力，工件不会产生残余应力和变形，也没有飞边毛刺。

3. 加工精度高，可以达到 0.1mm 的平均加工精度和 0.01mm 的最高加工精度，平均表面粗糙度 Ra 值可达 0.8μm，最小表面粗糙度 Ra 值可达 0.1μm。

4. 加工过程中，工具阴极理论上不会损耗，可长期使用。

5. 生产率较高，为电火花加工的 5～10 倍，某些情况下甚至高于切削加工。

6. 能以简单的进给运动一次加工出形状复杂的型腔与型面。

7. 电解加工也有缺点：电解加工的附属设备多，造价高，占地面积大，电解液易腐蚀机床和污染环境，而且目前它的加工稳定性还不够高。

（二）电解加工的应用范围

在我国，电解加工很早就得到了应用。20 世纪 50 年代末，首先在军工领域进行电解加工炮管腔线的工艺研究，很快取得了成功并用于生产，不久便迅速推广到航空发动机叶片型面及锻模型面的加工。到 20 世纪 60 年代后期，电解加工已成为航空发动机叶片生产的定型工艺。在我国科技人员的长期努力下，电解加工在许多方面取得了突破性进展。例如，用锻造叶片毛坯直接电解加工出复杂的叶片型面，当时已达到世界先进水平。今天，无论是我国还是工业发达国家，电解加工已成为国防航空和机械制造业中不可缺少的重要工艺手段。它的应用主要在以下几个方面：

1. 电解锻模型腔。由于电火花加工的精度容易控制，多数锻模的型腔都采用电火花加工。但电火花加工的生产率较低，因此对精度要求不太高的矿山机械、汽车、拖拉机等所需的锻模，正逐步采用电解加工。

2. 电解整体叶轮。叶片是喷气发动机、汽轮机中的关键零件，它的形状复杂，精度要求高，生产批量大。采用电解加工，不受材料硬度和韧性的限制，在一段行程中可加工出复杂的叶片型面，与机械加工相比，具有明显的优越性。

采用机械加工方法制造叶轮时，叶片毛坯是精密铸造的，经过机械加工和抛光，再分别镶入叶轮轮缘的槽中，最后焊接形成整体叶轮。这种方法加工量大、周期长、质量难以保证。电解加工整体叶轮时，只要先将整体叶轮的毛坯加工好就可用套料法加工。每加工完一个叶片，退出阴极，分度后再依次加工下一个叶片。这样不但可以大幅度缩短加工周期，而且可保证叶轮的整体强度和质量。

3.电解去毛刺。机械加工中常采用钳工方法去毛刺，不但工作量大，而且有的毛刺因过硬或空间狭小而难以去除。而采用电解加工，则可以提高工效，节省费用。

电解加工，不仅可以完成上述重要的工艺过程，而且可以用于深孔的扩孔加工、型孔加工以及抛光等工艺过程中。

五、水射流加工

高压水射流加工是用水作为携带能量的载体，用高速水射流对各类材料进行切割、穿孔和表层板料去除的加工方法。其水喷射的流速要达到音速的 2～3 倍。高压水射流加工技术一般分为纯水射流切割和磨料射流切割，前者水压在 20～400MPa，喷嘴孔径为 0.1～0.5mm；后者水压在 300～1000MPa，喷嘴孔径为 1～2mm。

（一）高压水射流加工的特点

第一，高压水射流几乎适用于加工所有的材料，除钢铁、铜、铝等金属材料外，还能加工特别硬脆、柔软的非金属材料，如塑料、皮革、木材、陶瓷和复合材料等。

第二，加工质量高，无撕裂或应变硬化现象，切口平整，无毛边和飞刺。

第三，切削时无火花，对工件不会产生任何热效应，也不会引起表面组织的变化，这种冷加工很适合对易爆易燃物件的加工。

第四，加工清洁，不产生烟尘或有毒气体，减少空气污染，提高了操作人员的安全性。

第五，减少了刀具准备、刃磨和设置刀偏量等工序，并能显著缩短安装调整时间。

（二）高压水射流加工的应用范围

高压水射流加工技术是近 20 年来迅速发展起来的新技术，目前主要用在汽车制造、石油化工、航空航天、建筑、造船、造纸、皮革及食品等工业领域。

纯水型射流切割加工设备主要适用于切割橡胶、布、纸、木板、皮革、泡沫塑料、玻璃、毛织品、地毯、碳纤维织物、纤维增强材料和其他层压材料。

磨料射流切割加工设备主要适用于切割对热敏感的金属材料、硬质合金、表面堆焊硬化层的零件、外包或内衬异种金属和非金属材料的钢质容器和管子、陶瓷、钢筋混凝土、花岗岩及各种复合材料等。

此外，高压水射流加工技术还可用于各种材料的打孔、开凹槽、焊接接头清根、焊趾整形加工和清除焊缝中的裂纹等。

高压水射流加工技术目前正朝着精细加工的方向发展。随着高压水发生装置制造技术的不断发展，设备成本不断降低，它的应用前景是引人注目的。

第四节　制造中的测量与检验技术

精密制造首先立足于精密测量。测量是以确定量值为目的的一组操作，通过将被测参数的量值与作为单位的标准量进行比较，得出的倍数即为测量结果。与测量概念相近的是检验，它常常仅需分辨出参数量值所列示的某一范围，以此来判别被测参数合格与否或现象的有无等。机械加工的零件、生产的机器和产品都需要经过检验或测量，以判定其是否合格。

检测是意义更为广泛的测量。检测不仅包含了上述两项内容，此外，对被测控对象有用信息的信号的检出，也是检测极为重要的内容。具体到工程检测技术，它的任务不仅是对成品或半成品的检验和测量（如热工参数、几何参数、表面质量、内部缺陷、探伤、泄漏检查、成分分析等），而且必须借助检测手段随时掌握成品或半成品质量的好坏程度。为此，就要求随时检查、测量这些参数的大小、变化等情况。因而，工程检测技术就是对生产过程和运动对象实施定性检查和定量测量的技术。

一、常用的计量工具

量具的使用广泛存在于各行各业及现实生活中，所以提到量具，人们并不感到陌生。然而本书所讲述的量具，既不是日常生活中使用的普通量具，也不是包罗一切的所有量具，它是指目前我国机械制造工业中普遍使用的测量工具。

在机械制造工业中，我们会经常用光长度基准直接对零件尺寸进行测量，其准确度固然高，但在广泛的测量中，直接用光进行测量十分不便。为了满足实际测量的需要，长度基准必须通过各级传递，最后由量具生产厂家制造出工作量具。这些工作量具就是实际生产中人们常说的“量具”。正是由于零件尺寸是由国家基准逐级传递下来的，所以全国范围内尺寸的一致性就有了可靠的保证。

（一）游标卡尺

游标卡尺是机械加工中广泛应用的常用量具之一，它可以直接测量出各种工件的内径、外径、中心距、宽度、长度和深度等。它是利用游标原理，对两测量爪相对移动分隔的距离进行读数的通用长度测量工具。它的结构简单、使用方便，是一种中等精确度的量具。

（二）千分尺

千分尺也是机械加工中使用广泛的精密量具之一。千分尺的品种与规格较多，按用途和结构可分为：外径千分尺、内径千分尺、深度千分尺、壁厚千分尺、杠杆千分尺、螺纹千分尺、公法线长度千分尺等。

在这里我们仅介绍一种最常用的外径千分尺。外径千分尺的读数机构是由固定套管和微分筒组成的。固定套管上的纵刻线是微分筒读数值的基准线，而微分筒锥面的端面是固定套管读数值的指示线。

固定套管纵刻线的两侧各有一排均匀刻线，刻线的间距都是 1mm，且相互错开 0.5mm。标出数字的一侧表示毫米数，未标数字的一侧即为 0.5 毫米数。

用外径千分尺进行测量时，其读数可分以下三步：

1. 读整数——读出微分筒锥面的端面左边固定套管上露出来的刻线数值，即为被测件的毫米整数或 0.5mm。

2. 读小数——找出与基准线对准的微分筒上的刻线数值。如果此时整数部分的读数值为毫米整数，那么该刻线数值就是被测件的小数值；如果此时整数部分的读数值为 0.5mm，则该刻线数值还要加上 0.5mm 后才是被测件的小数值。

3. 整个读数——把上面两次读数值相加，就是被测件的整个读数值。

（三）百分表和千分表

百分表和千分表都是利用机械传动系统，把测杆的直线位移转变为指针在表盘上角位移的长度测量工具。它们的结构相似，功能原理相同。可用来检查机床或零件的精确程度，也可用来调整加工工件装夹位置偏差。

当测杆移动 1mm 时，指针就转动一圈。其中百分表的圆刻度盘沿圆周有 100 个等分度，即每一分度值相当于测杆移动 0.01mm，而千分表的分度值为 0.001mm。在用百分表和千分表进行测量时，要注意以下几点：

1. 按被测工件的尺寸和精度要求，选择合适的表。

2. 使用前，先查看量具检定合格证是否在有效期内，如无检定合格证，该表绝对不能使用。然后用清洁的纱布将表的测量头和测量杆擦干净，进行外观检查。这时表盘不应松动，指针不应弯曲；测量杆、测量头等活动部分应无锈蚀和碰伤，测量头应无磨损痕迹。

3.测量杆移动要灵活，指针与表盘应无摩擦。多次拨动测量头，指针能回到原位。

4.根据工件的形状、表面粗糙度和材质，选用适当的测量头。球形工件用平测量头；圆柱形或平面形的工件用球面测量头；凹面或形状复杂的表面用尖测量头，使用尖测量头时应注意避免划伤工件表面。

5.使用前，将表装夹在表架或专用支架上，夹紧力要适当，不宜过大或过小。测量时，为了读数方便，都习惯把指针转到表盘的零位作为起始值。在相对测量时，用量块作为对零件的基准。

对零位时，先使测量头与基准表面接触，在测量范围允许的条件下，最好把表压缩，使指针转过一圈后再把表紧固住，然后对零位。为了校验一下表装夹的可靠性，可把测量杆提起1～2mm，再轻轻放下，反复两三次，如对零位置无变化，则表示装夹可靠，方可使用。当然在测量时，也可以不必事先对零位，但用这种方法应记住指针起始位置的刻度值，否则测量结束时很容易把测量结果算错。

6.测量时，应轻轻提起测量杆，再把被测工件移到测量头的下面。放松测量杆时，应慢慢使测量头与被测件相接触。不允许把工件强迫推入到测量头的下面，也不允许提起测量杆后突然松手。

7.测量时，百分表的测量杆要与被测工件表面保持垂直；测量圆柱形工件时，测量杆的中心线则应垂直地通过被测工件的中心线，否则将增大测量误差。

百分表和千分表的读数采用以下方法：

由表的结构可知，在测量中，主指针只要转动，转数指针也必然随之转动。两者的转数关系为：主指针转一圈，转数指针相应地在转数指示盘上转一格。因此，毫米读数可从转数指针转过的分度中求得，毫米的小数部分可从主指针转过的分度中求得。如遇测量偏差值大于1mm时，转数指针与主指针的起始位置应记清。小公差值的测量则不必看转数指针。所以对于百分表和千分表，其示值＝读数值×读数。例如，表指针转过10个分度，百分表示值＝读数值×读数＝0.01mm×10＝0.1mm，而千分表就为0.001mm×10＝0.01mm。而且在读百分表和千分表的示值时，要顺着光线，正对刻度盘，视线与表针垂直，以免因视觉因素造成不必要的误差。

二、传感器

传感器有时亦被称为换能器、变换器、变送器或探测器，是指那些对被测对象的某一确定的信息具有感受（或响应）与检出功能，并使之按照一定规律转换成与之对应的有用输出信号的元器件或装置。从其功能出发，人们形象地将传感器描述为那些能够取代甚至超出人的“五官”，具有视觉、听觉、触觉、嗅觉和味觉等功能的元器件或装置。这里所说的“超出”，是因为传感器不仅可应用于人无法忍受的高温、高压、辐射等恶劣环境，还可以检测出人类“五官”不能感知的各种信息，如微弱的磁、电、离子和射线的信息，以及远远超出人体“五官”感觉功能的高频、高能信息等。总之，传感器的主要特征是能感知和检测某一形态的信息，并将其转换成另一形态的信息。

传感器一般是利用物理、化学和生物等学科的某些效应或机理，按照一定的工艺和结构研制出来的。传感器的组成细节有较大差异，但总体来说，传感器由敏感元件、转换元件和其他辅助元件组成。敏感元件是指传感器中能直接感受（或响应）与检出被测对象的待测信息（非电量）的部分。转换元件是指传感器中能将敏感元件所感受（或响应）出的信息直接转换成电信号的部分。其他辅助元件通常包括电源，即交、直流供电系统。

目前，具有各种信息感知、采集、转换、传输和处理的功能传感器件，已经成为各个应用领域，特别是自动检测、自动控制系统中不可缺少的重要工具。例如，在各种航天器上，利用多种传感器测定和控制航天器的飞行参数、姿态和发动机工作状态，将传感器获取的种种信号再输送到各种测量仪表和自动控制系统进行自动调节，使航天器按人们预先设计的轨道正常运行。

由于传感器是信息采集系统的首要部件，是实现现代化测量和自动控制（包括遥感、遥测、遥控）的主要环节，是现代信息产业的源头，又是信息社会赖以存在和发展的物质与技术基础。因此，传感技术与信息技术、计算机技术并列成为支撑整个现代信息产业的三大支柱。可以设想，如果没有高度保真和性能可靠的传感器，没有先进的传感器技术，那么信息的准确获取就成为一句空话，信息技术和计算机技术就成了无源之水。目前，从宇宙探索、海洋开发、环境保护、灾情预报到包括生命科学在内的每一项现代科学技术的研究以及人民群众的日常生活等，无一不与传感器和传感器技术紧密联系着。可见，应用、研究和开发传感器和传感器技术是信息时代的必然要求。

传感器的种类很多，按被测物理量分类主要有压力、温湿度、流量、位移、速度、加速度传感器等。按敏感元件类型分，主要有电阻式、压电式、电感式、电容式传感器等。下面对几种常见的传感器进行简单介绍。

（一）电阻式传感器

电阻式传感器是将非电量（如力、位移、形变、速度和加速度等）的变化量，变换成与之有一定关系的电阻值的变化，通过对电阻值的测量达到对上述非电量测量的目的。电阻式传感器主要分为两大类：电位计（器）式电阻传感器以及应变式电阻传感器。

电位计（器）式电阻传感器又分为线绕式和非线绕式两种。线绕式电位器的特点是：精度高、性能稳定、易于实现线性变化。非线绕式电位器的特点是：分辨率高、耐磨性好、寿命较长。它们主要用于非电量变化较大的测量场合。

应变式电阻传感器是利用应变效应制造的一种测量微小变化量的理想传感器，其主要组成元件是电阻应变片。电阻应变片的品种繁多、形式多样，但常用的可分为两类：金属电阻应变片和半导体电阻应变片。金属电阻应变片是由金属丝和金属片为材料制造的，而半导体应变片则是用半导体材料制成的应变片。根据应变式电阻传感器所使用的应变片的不同，应变式电阻传感器可分为金属应变片和半导体应变片。这类传感器的灵敏度较高，用于测量变化量相对较小的情况。目前，应变式电阻传感器是用于测量力、力矩、压力、加速度、质量等参数的最广泛的传感器之一。

电阻式传感器的应用范围很广，例如电阻应变仪和电位器式压力传感器等。其使用方法也较为简单，例如在测量试件应变时，只要直接将应变片粘贴在试件上，即可用测量仪表（例如电阻应变仪）测量；而测量力、加速度等则需要辅助构件（例如弹性元件、补偿元件等），首先将这些物理量转换成应变，再用应变片进行测量。

（二）电容式传感器

电容式传感器的核心是电容器。其构成极为简单：两块互相绝缘的导体为极板，中间隔以不导电的介质。电容量的大小和极板间的距离 d 成反比，和极板相互覆盖面积 S、电介质的介电常数 ε 成正比。因此被测量可以很容易地通过 d、S、ε 的途径转换成电容 C，相应地也就有典型的变 d 型、变 S 型、变 ε 型三类电容式传感器。

电容式传感器主要有以下优点：

1. 由于极板间的引力是静电引力，一般只有毫克级，所以仅需很少能量就能改变电容值；

2. 极板很轻薄，因此容易得到良好的动态特性；

3. 介质损耗很小，发热甚微，有利于在高频电压下工作；

4. 结构简单，允许在高、低温及辐射等环境下工作，有的型式（如变 d 型），电容相对变化量大，因此容易得到高的灵敏度；

5. 可以把被测试件作为电容器的一部分（如极板或介质），故极易实现非接触测量。

由于电子技术的发展，使得电容式传感器的应用更加广泛，特别是它的一些优点被充分地利用，如作用能量小、相对变化量大、灵敏度高（如变 d 型）、结构简单等。目前，电容式传感器在压力、差压、荷重以及小位移的检测中广为应用。

第三章　机械零件外形加工与装配连接技术

第一节　机械零件外形加工的运动学原理

在完成了机械零件的毛坯成形后，即为后续的零件外形加工提供了原料。通过各种零件外形加工方法，就可以获得达到技术要求的最终零件。同时，一个完整的机器设备需要装配与连接技术把它们恰当地组装在一起，达到最后产品的技术要求。

外形加工即将原材料（或毛坯）变成零件所需形状、尺寸的加工，大致可将其分为切削加工、磨削加工、特种加工三大类。近年来，精密铸造、精密锻造和各种少、无切削加工技术的发展仅代替了部分切削和磨削加工，但到 21 世纪，专家们预见，切削和磨削仍将是获得精密机械零件的最主要的加工方法。

本书简要介绍了机械零件外形加工机床的演变。作为机械零件外形加工的设备——机床，是我们理解机械零件外形加工方法的基础。一般来说，机床使用了四种不同运动学原理来产生不同机械零件的几何形状，即展成法、复制法、成形法、插补法。

一、展成法

展成法是指通过机床刀具与工件之间的复合运动形成工件所需的形状的方法，这些复合运动由绕一轴心的旋转运动和沿一坐标轴的直线运动构成。比如，圆柱形零件的外表面可以通过圆和一条直线的展成获得。

(一)产生圆柱形表面的展成

一般来说,有四种展成方法获得圆柱面。

1.刀具旋转并做轴向直线运动

当机床刀具相对于工件较小时,可采用这种技术。比如,钻和立式埋孔是这种技术的应用例子。

2.工件旋转并做轴向直线运动

当工件相对于机床刀具小时,可采用这种技术。比如,圆柱磨削是这种技术的应用例子;单轴纵切自动车床也是这种技术的应用例子,这种机床可按凸轮自动加工小直径的圆柱形工件。

3.工件旋转、刀具做轴向直线运动

车床上进行车削就是采用这种技术。

4.刀具旋转、工件做轴向直线运动

卧式镗床就是采用这种技术。

以上四种方法可以很容易地获得圆柱面,而且只需分别控制圆的产生和直线的产生。其中,圆的获得只需控制主轴的旋转运动,而主轴支承在轴承上,可以获得高精度的旋转运动;直线的获得只需用机床导轨对机床拖板导向即可获得纵向直线运动。为了保证零件圆柱轴线的平行度或圆柱形零件的圆柱度,需保证机床导轨与主轴旋转轴向的平行度要求。如果要获得其他展成表面,需协调控制拖板纵向和横向的直线运动。如果展成表面是锥面,机床拖板的纵向和横向运动关系比是常数;如果展成表面是其他的复杂表面,就需要适时改变机床拖板的纵向和横向运动关系比。

(二)其他复杂表面的展成

其他复杂表面展成的一个典型例子就是齿轮渐开线表面的展成运动。如滚齿机床的齿轮渐开线表面的展成运动,它包括滚刀的旋转运动、垂直直线运动及工件的旋转运动。

这三个运动按照一定的运动关系,由机械传动链保证了渐开线表面的展成。

二、插补法

插补法是通过机床各运动轴的协调步进运动实现各种表面的展成。目前，一般通过数控机床的数控系统完成各插补轴的联动运动控制来实现插补完成。插补展成一般包括两轴联动、三轴联动、多轴联动等。

三、复制法

对复制法来说，工件所要求的形状同样是因刀具或工件的运动而得到的。但是，刀具或工件的运动是依赖于模针跟踪与工件形状一致的模板得到的。复制法适用于非圆曲线轮廓或多台阶圆柱零件或铸模、冲模的型腔等复杂表面。但是这些复杂表面采用数控插补完成效率更高。

四、成形法

成形法是将机床成形刀具的形状复制到了工件上，从而可以得到所要求的工件形状。采用成形刀具加工机械零件，要求机床有较高的刚度，而且成形的最大长度为 50mm。采用成形法的优点是机械零件的加工时间较短，原因是其所要求的运动只需刀具深度方向的直线运动。

第二节　传统的外形加工方法

机械零件的外形加工方法可按材料去除方法分为传统外形加工方法和非传统外形加工方法。

一、传统的材料去除方法

传统的材料去除方法包括采用单刃刀具切削、多刃刀具切削和磨粒切削方法三种。

二、切削加工

切削加工方法是指使用切削刀具(包括磨料和磨具)与工件之间的相对运动,把工件上多余的材料层切除,使得工件获得规定的几何形状、尺寸和表面质量的加工方法。普通机床切削加工是由工人操作机床完成切削加工任务的,是传统的、经典的,也是最基本的切削加工。切削加工可分为车削加工、铣削加工、刨削加工、钻削加工、磨削加工和齿轮加工等多种形式。

(一)车削加工

在车床上利用车刀切除工件上多余的材料,以获得所要求的形状、尺寸精度和表面质量的加工方法称为车削。车削加工时,工件被夹持在车床主轴的端部做旋转运动,刀具被夹持在刀架上沿纵向或横向做进给运动。

车削加工的主要设备是车床。车床的种类很多,如卧式车床、立式车床、转塔车床、专用车床、数控车床及车削加工中心等。

(二)铣削加工

在铣床上用旋转的铣刀加工工件的方法称为铣削。铣削时,铣刀的旋转为主运动,工件做缓慢的直线进给运动。通过选择恰当的铣刀,可完成特定表面的加工。铣削主要加工平面和各种沟槽,还可以加工螺旋槽和齿轮等。

铣刀是一种多刃刀具,它在铣削时,有几个刀齿同时参加铣削,每个刀齿可间歇地参加切削和轮流进行冷却。因此,铣削的切削速度较高,生产效率高,在大批量生产中,铣削几乎取代了刨削。采用组合铁刀在一次进给中能完成几个表面的加工,这样不仅大大提高了生产率,还能保证被加工零件的尺寸精度。

铣削的主要设备是铣床,常用的有卧式升降台铣床、立式升降台铣床、龙门铣床、工具铣床等。

(三)刨削加工

在刨床上用刨刀加工工件的工艺方法称为刨削。在刨削时,其刀架带动刨刀做直线往复运动,回程时刨刀不进行切削。工件毛坯固定在刨床工作台上,工作台在加工中做间歇的横向进给运动,以便从毛坯上切除多余的材料。刨削主要适用于加工平面、各种沟槽和成形面等。刨削的速度不高,生产率低,在大批量生产中已逐渐被铣削和拉削代替。

刨削的设备是刨床。最常用的刨床有牛头刨床和龙门刨床两类。

(四)钻削加工

钻削是指用钻削刀具(如麻花钻等)在钻床上对工件进行孔加工的操作,是孔加工最常用的方法。通常以钻头的回转为主运动,钻头的轴向移动为进给运动。

钻削所用的主要设备是钻床,常用的钻床有三种:台式钻床、立式钻床和摇臂钻床。

(五)磨削加工

磨削是指用高速旋转的砂轮作为刀具对工件表面进行微刃切削的方法,是零件精加工的主要方法之一。砂轮上磨粒的硬度很高,它不仅能加工一般的金属材料,如碳钢、铸铁,还可以加工一般刀具难以加工的硬材料,如淬火钢、硬质合金等。

磨削主要用于零件的内、外圆柱面,内、外圆锥面,平面及成形表面(花键、螺纹、齿轮等)的精加工,以获得较高的尺寸精度和较低的表面粗糙度。

磨削加工的主要设备是磨床。常用的磨床有外圆磨床、内圆磨床、平面磨床等。

砂轮是磨削的主要切削工具。它是由磨粒加结合剂用烧结的方法制成的多孔物体。磨粒、结合剂和空隙是构成砂轮的三要素。磨粒间的空隙结构有助于磨削。砂轮表面尖棱多角的磨粒如同千万把微型铣刀,在砂轮高速旋转下切入工件表面,从而实现磨削加工。

磨料是制造砂轮的主要原料,直接担负切削工作,必须锋利和坚韧。

常用的磨料有刚玉类和碳化硅类两种:刚玉(Al_2O_3)类适用于磨削钢料及一般刀具材料;碳化硅(SiC)类适用于磨削铸铁、青铜等脆性材料及硬质合金刀具。

(六)精整和光整加工

精整加工是指在精加工后从工件上切除极薄的材料层,以提高工件的精度和降低表面粗糙度的方法,如布磨、研磨、超精加工等。光整加工是指不切除或切除极薄金属层,用以降低表面粗糙度或强化其表面的加工过程,如抛光轮抛光、辊光、砂光等。

第三节　非传统的外形加工方法

非传统外形加工又称为特种加工,是指那些不属于塑性成形及切削、磨削等传统工艺范畴的加工工艺方法。它是将电、磁、声、光等物理能量,以及化学能量或其组合直接加在被加工的部位上,从而使材料被去除、发生变形或改变性能等。特种加工可以完成以传统方法难以实现的加工,如高强度、高韧度、高硬度、高脆性材料,耐高温材料,工业陶瓷、磁性材料的加工,以及精密、微细、复杂零件的加工。特种加工是对传统加工工艺方法的重要补充与发展,已成为航空、航天、汽车、拖拉机、电子、仪表、家用电器、纺织机械等制造工业中不可缺少的加工方法。在生产中应用较多的主要有电火花加工、电化学加工、电解磨削和激光加工,还有超声加工、化学加工等。

一、电火花加工的基础

(一)电火花加工的原理及特点

电火花加工是利用浸在工作液中的两极间脉冲放电时产生的电蚀作用来蚀除导电材料的特种加工方法,又称放电加工或电蚀加工,英文简称EDM。电火花加工时,工具电极(常用铜、石墨制作)和工件分别接脉冲电源的两极,并浸入绝缘工作液(常用煤油或矿物油)中。工具电极由自动进给调节装置控制，以保证工具与工件在正常加工时维持一个很小的放电间隙（0.01～0.05mm）。当脉冲电压加到两极之间时，便将当时条件下极间最近点的液体介质击穿，形成放电通道。由于通道的截面积很小，放电时间极短，致使能量高度集中，放电区域产生的瞬时高温足以使材料熔化甚至蒸发，以致形成一个小凹坑。第一次脉冲放电结束之后，经过很短的间隔时间，第二个脉冲又在另一极间最近点击穿放电。如此周而复始，高频率地循环下去，工具电极不断地向工件进给，它的形状最终就复制在工件上，形成所需要的加工表面。

电火花通孔加工精度可达到0.005～0.02mm，表面粗糙度 Ra 0.4～1μm；加工型腔的精度可达到0.01～0.1mm，表面粗糙度 Ra 1～2.5μm。电火花加工的主要特点：①适合于加工普通机械加工方法难以加工的形状复杂的工件；②可以加工极硬的材料；③加工时无宏观的切削力，有利于薄壳零件的加工与微细加工；④电火花加工后的表面呈现均匀的凹坑，有利于储油与润滑；⑤精加工时去除率低；⑥粗加工时表面质量差；⑦存在电极损耗，影响加工精度。

（二）电火花加工的应用

电火花加工主要用于模具中的型孔和型腔的加工，并已成为模具制造业的主导加工方法。

1. 电火花成形

电火花成形加工是通过工具电极相对于工件做进给运动，将工件电极的形状和尺寸复制在工件上，从而加工出所需要的零件。它包括电火花型腔加工和穿孔加工两种。电火花型腔加工主要用于加工各类热锻模、压铸模、挤压模、塑料模和胶木模的型腔。电火花穿孔加工主要用于型孔（圆孔、方孔、多边形孔、异形孔）、曲线孔（弯孔、螺旋孔）、小孔和微孔的加工，可以实现电火花钻孔、电火花外圆/表面磨削、切断等工艺。

2. 电火花线切割

电火花线切割加工是利用移动的细金属丝（如钼丝）作工具电极，按预定的轨迹进行脉冲放电切割。电火花线切割时，脉冲电源的一极接工件，另一极接缠绕金属丝的储丝筒。如切割中的内封闭结构，钼丝先穿过工件上预加工的工艺小孔，再经导轮由储丝筒带动做正、反向的往复移动。工作台在水平面两个坐标方向按各自预定的控制程序，根据放电间隙状态做伺服进给移动，合成各种曲线轨迹，把工件切割成形。与此同时，工作液不断喷注在工件与钼丝之间，起绝缘、冷却和冲走屑末的作用。电火花线切割广泛用于加工各种冲裁模、样板及各种形状复杂的型孔、型面和窄缝等。电火花线切割加工的典型尺寸精度为0.005～0.03mm，表面粗糙度为0.4～2μm。

二、电化学加工

电化学加工是指利用电化学反应（或称电化学腐蚀）对金属工件表面产生腐蚀、溶解而改变工件尺寸和形状的加工方法。与机械加工相比，电化学加工方法不受材料硬度、韧度的限制，已广泛用于工业生产中。常用的电化学加工有电解加工、电磨削、电化学抛光、电镀、电刻蚀和电解冶炼等。

电化学加工要求加工物必须可导电。加工时，刀具是阴极，加工物是阳极。电流经电解液流过电极和加工物，刀具沿着预加工的路径加工，没有和加工物接触，没有电火花产生。加工物被溶解，是电镀的反向操作。电化学加工有着很高的金属移除率，没有热应力，也没有机械应力残留，加工表面可以达到镜面的水平。

三、激光加工

激光加工是利用材料在激光照射下瞬时熔化和气化，并产生强烈的冲击波，使熔化物质爆炸式的喷溅和去除来实现加工的。激光加工的特点：①不使用切削工具，不存在工具磨损和更换问题；②属于非接触加工，工件不受机械切削力，无机械加工变形，能加工易变形的薄板和橡胶等弹性工件；③几乎能加工所有的金属和非金属材料，如钢材、耐热合金、高熔点材料、陶瓷及复合材料等；④作用时间短，热影响小，几乎不产生热变形;⑤加工效率高,可实现高速打孔和高速切割;⑥可进行精密、微细加工;⑦容易实现自动化加工和柔性加工;⑧可通过空气、惰性气体或光学透明介质进行加工。

激光加工在材料去除加工方面主要应用于打孔和切割,此外还将激光用于画线、修边、动平衡校正与打标志等用途。

四、超声加工

超声加工是指利用超声频做小振幅振动的工具,并通过它与工件之间游离于液体中的磨料对被加工表面的锤击作用,使工件材料表面逐步破碎的特种加工方法,英文简称为 USM。超声加工常用于穿孔、切割、焊接、套料和抛光,主要用于加工各种不导电的硬脆材料,例如玻璃、石英、陶瓷、宝石、金刚石等,还可加工出各种形状复杂的型孔、型腔、成形表面等。超声与机械、电火花、电解等加工方法配合进行复合加工,可取得较好效果,例如,电火花加工与超声加工复合使用,可使精加工时的去除率提高 4 倍以上。超声复合加工是超声加工的重要发展方向。在超声加工机床中,以超声波抛光机、超声波电火花复合抛光机、超声清洗机的应用最为广泛。

五、液体喷射加工

喷射加工是指通过调整液流束或混有磨料的气流束喷射工件而去除材料的工艺方法,主要有磨料喷射、液动力和喷水加工三种。

液动力加工是通过调整液流束冲击工件而去除材料的工艺方法,常用的液体是水,或为改善加工性能而在其中添加甘油、长链聚合物或聚乙烯。可用以切割薄的和软的金属及非金属材料,切缝非常窄(0.075～0.38mm),切边质量比较好。加工过程中不会产生大量尘埃或招致火灾,也可用于去毛刺。在切割某些材料的过程中,可能会由于液流束混入空气而产生相当大的噪声,但若在水中加适当的添加剂或采用合适的操作角度则可使噪声降低。

第四节　装配与连接技术

任何机械产品或设备都是由多个零件和部件组成的。根据规定的技术要求，将零件组合成组件、部件，并进一步将零件、部件组合成机械产品或设备的过程称为装配。装配是整个机械制造过程的后期工作。机器的各种零件只有经过正确的装配，才能成为符合要求的产品。怎样将零件装配成机器、零件精度与产品精度的关系，以及保证装配精度的方法，是装配工艺要解决的问题。

随着产品多样性的增加及批量的减少，装配自动化技术成为机器装配过程的必然选择。为此目的而发展起来的装配机器人取得了重要的进展。在机器人大国日本，20 世纪 90 年代中期，装配机器人已占到机器人总数的 40%以上。装配机器人成为“未来工厂”的重要组成部分。

机器零件装配中的连接技术是确保装配合理、有效的重要技术。目前，已有 80 多种不同的机械零件连接方法，考虑到经济性、新材料的使用，一些新的连接技术受到厂家与研究单位的重视，如汽车仪表盘塑料件之间的焊接采用振动摩擦焊；为减小热应力的影响，在飞机结构件的连接中大量采用塑性变形的加接和包边连接技术；在汽车车身连接中采用具有较小热影响区的激光焊接连接技术，以及在半导体装配中的微连接技术。本节主要介绍典型紧固件连接案例、塑料件的摩擦焊连接和包边连接。

一、螺纹连接的装配

螺纹连接是最常用的一种可拆卸连接形式，常用的连接零件有螺栓、螺钉、螺母及各种专用螺纹件。装配时应注意以下几个方面：

一是零件与螺纹连接件的贴合面要平整光滑，否则螺纹容易松动。为了提高贴合面的质量，可加垫圈。

二是螺母端面应与螺栓轴线垂直，松紧适度。

三是采用多个螺母连接时，应按一定的顺序拧紧，且不要一次完全旋紧，应按顺序分两次或多次旋紧，以保证零件贴合面受力均匀。

二、塑料件的振动摩擦焊连接

对于热塑性塑料，可以使两个被焊接塑料件在一定的压力下产生相对运动，摩擦力产生的热使塑料件焊合在一起。按振动摩擦力产生的运动方式不同，塑料振动摩擦焊连接分为线性振动和旋转振动摩擦焊连接两种。

三、包边与铆钉连接

由于没有像焊接那样因受热融合产生的残余热应力，通过结构件的塑性变形完成结构之间的连接成为对残余应力及成本控制产品的首选连接技术。

通过结构件塑性变形的连接方法，包括包边、铆接等工艺。包边是通过两个结构件的卷曲变形而相互包合在一起的结构连接方法。铆接是通过铆钉连接两个结构件，同时铆钉或结构件的塑性变形完成两个结构件的连接的。当然，也可以通过结构件之间的自铆接，实现铆钉连接。

第四章　加工设备及物料供输的自动化

第一节　加工设备自动化

自动化加工设备是指实现了加工循环的自动化，同时具备装卸工件等辅助设备的自动化。半自动循环设备是指仅实现了加工循环自动化的设备。利用自动化或者半自动化加工设备能够实现高效、精密以及可靠的自动半自动加工。

一、加工设备自动化概述

（一）自动化控制的基本组成

1. 指令存储装置。因为被控制的对象是自动化运行的机器，因此需要预先设置好其动作程序，同时将相关指令信息存入相应的装置，一旦需要，立即发出，此装置称为指令存储装置。

2. 指令控制装置。指令控制装置的主要作用是确保指令存储装置中的指令信息能够及时地发出。如工件加工时达到规定的尺寸时自动量仪的电触点接通。此装置的作用主要是将指令存储装置中的有关信息转变为电信号，电信号命令有关装置完成相关动作。

3. 执行机构。顾名思义，执行机构是最终完成控制动作的环节，常见的执行机构有电磁铁、电动机、工作液压缸等。

4. 传递及转换装置。此装置的作用是将上级（指令控制装置）发出的指令信息传递到执行机构。信息的传递分为直接传递和压缩传递，但无论如何，所传递的信息质量必须符合要求。

（二）自动化控制的基本要求

自动控制系统应能保证各执行机构的使用性能、加工质量、生产率及工作可靠性。为此，对自动控制系统提出如下基本要求：

1. 应保证各执行机构的动作或整个加工过程能够自动进行。

2. 为便于调试和维护，各单机应具有相对独立的自动控制系统。

3. 柔性加工设备的自动控制系统要和加工品种的变化相适应。

4. 自动控制系统应力求简单可靠：在元器件质量不稳定的情况下，对所用元器件一定要进行严格筛选，特别是电气及液压元器件。

5. 能够适应工作环境的变化，具有一定的抗干扰能力。

6. 应设置反映各执行机构工作状态的信号及报警装置。

7. 安装调试、维护修理方便。

8. 控制装置及管线布置要安全合理、整齐美观。

9. 自动控制方式要与工厂的技术水平、管理水平、经济效益及工厂近期的生产发展趋势相适应。

对于一个具体的控制系统而言，第 1 项要求必须得到保证，其他则根据具体情况而定。

（三）自动化控制的基本方式

1. 开环控制方式。开环控制方式的特点是：指令是预先设置好的，不会因为被控对象实际执行指令的情况而改变。为了实现实际应用的需求，开环控制系统必须时常校准，必须保证校正值不发生变化。由于开环控制较为简单，所以大多数机械设备工厂都采用开环控制方式。

2. 闭环控制方式。闭环控制也称为反馈控制，所谓“闭环”，就是指利用反馈装置将输入与输出两端相连，从而有效地减少系统的误差。因此闭环系统是精度较高的系统，但因为其结构复杂，故应用不是很广。

3. 分散控制方式。分散控制的运行方式为：前一机构完成预设的动作之后，向下一系统发出完成的信号，此信号继而引发下一机构的动作，由此周而复始，直至所有的动作都已完成。每一部件发出指令信号的方式不同，如运行速率、终点位置以及加工尺寸等。这种控制方式的最大优点是实现自动循环的方法简单，电气元件的通用性强且成本低。

4.集中控制方式。集中控制方式具有一个中央指令存储和指令控制装置，且以时间顺序连续或间断地发出各种指令信号的控制系统。

二、单机自动化方案

单机自动化是大批量生产提高生产率、降低成本的重要途径。单机自动化往往具有投资少、见效快等特点，因而在大批量生产中被广泛采用。

（一）实现单机自动化的方法

实现单机自动化的方法有四种，分别叙述如下。

1.采用通用自动化或半自动机床实现单机自动化。这类机床主要用于轴类和盘套类零件的加工自动化，例如单轴自动车床、多轴自动车床或半自动车床等。使用单位一般可根据加工工艺和加工要求向制造厂购买，不需特殊订货。这类自动机床的最大特点是可以根据生产需要，在更换或调整部分零部件（例如凸轮或靠模等）后，即可加工不同零件，适合于大批量多品种生产。因此，这类机床的使用比较广泛。

2.采用组合机床实现单机自动化。采用组合机床能够实现对箱体类和杂件类零件的平面、各种孔和孔系的加工自动化。组合机床是一种以通用化零部件为基础设计和制造的专用机床，一般只能对一种（或一组）工件进行加工，往往能在同一台机床上对工件实行多面、多孔和多工位加工，加工工序可高度集中，具有很高的生产率。由于这台机床的主要零部件已通用化和已批量生产，因此，组合机床具有设计、制造周期短，省投资的优点，是箱体类零件和杂体类零件大批量生产实现单机自动化的最主要手段。

3.采用专用机床实现单机自动化。专用机床是为生产专有零件而专门设计的自动化制造机床。专用机床的结构和部件一般都是专门设计和单独制造的。这类机床的设计、制造时间往往较长，投资也较多，因此采用这类机床时，必须考虑以下基本原则：

(1)被加工的工件除具有大批量的特点外,还必须结构定型。

(2)工件的加工工艺必须是合理可靠的。在大多数情况下,需要进行必要的工艺试验,以保证专用机床所采用的加工工艺先进可靠,所完成的工序加工精度稳定。

(3)采用一些新的结构方案时,必须进行结构性能试验,待取得较好的结果后,方能在机床上采用。

(4)必须进行技术经济分析。只有在技术经济分析认为效益明显后,才能采用专用机床实现单机自动化。

4.通过改装通用自动化设备实现单机自动化。在一般机械制造厂中,为了充分发挥设备潜力,可以通过对通用机床进行局部改装,增加或配置自动上、下料装置和机床的自动工作循环系统等,实现单机自动化。由于对通用机床进行自动化改装要受被改装机床原始条件的限制,要按被加工工件的被加工精度和加工工艺要求来确定改装的内容,而且各种不同类型和用途的机床具有各不相同的技术性能和结构,被加工工件的工艺要求也各不相同,所以改装涉及的问题比较复杂,必须有选择地进行改装。总体来说,机床改装的投资少、见效快,能充分发挥现有设备的潜力,是实现单机自动化的重要途径。

(二)单机自动化方案

在机械制造业的工厂中,拥有大量的、各种各样的通用机床。为了提高劳动生产率,减轻工人的劳动强度,对这类机床进行自动化改装,以实现工序自动化,或用以连成自动线,是进行技术改造、挖掘现有设备潜力的途径之一。自动化机床的“自动”主要体现在自动化机床的加工循环自动化、装卸工件自动化、刀具自动化和检测自动化四个方面,其自动化大大减少了生产时间,降低了工人的劳动强度,提高了产品质量和劳动生产率。

1.加工过程运动循环自动化。加工过程运动循环是指在工件的某个工序的加工过程中,机床刀具和工件相对运动的循环过程。切削加工过程中,刀具相对于工件的运动轨迹和工作位置决定被加工零件的形状和尺寸，实现了机床运动循环自动化，切削加工过程就可以自动进行。

自动循环可以通过机械传动、液压传动和气动-液压传动方法来实现。对于比较复杂的加工循环环节，一般采用继电器程序控制器控制其动作，采用挡块或各种传感器控制其运动行程。

(1)机械传动系统运动循环自动化。在机械传动系统中，运动的接通和停止有三种方式，分别是凸轮控制、挡块-杠杆控制、挡块-开关-离合器控制。三种控制方式的原理及优缺点如下：

①凸轮控制。其控制原理是在分配轴上安装不同形状的凸轮，通过操纵杠杆或行程开关控制各执行机构。主要适用于大批量生产中的单一零件加工，受机床结构影响较大，应用较多。

②挡块-杠杆控制。其控制原理是运动部件上的挡块碰撞杠杆操纵离合器或运动部件。其特点是控制简单，受机床结构影响较大，操纵系统磨损大，应用较少。

③挡块-开关-离合器控制。其控制原理是运动部件上的挡块压下行程开关，通过电磁铁、气缸或液压缸操纵离合器或运动部件。其特点是机械结构较简单，容易改变程序，但控制系统比较复杂，应用较多。

(2)气动和液压传动的自动循环。由于气动和液压传动的机械结构简单，容易实现自动循环，动力部件和控制元件的安装都不会有很大困难，故应用较广泛。

在机床改装中，还经常采用气动-液压传动，即用压缩空气作动力，用液压系统中的阻尼作用使运动平稳和便于调速。动力气缸与阻尼液压缸有串联和并联两种形式。实现气动和液压自动工作循环的方法相同，都是通过方向阀来控制。

液压传动系统中，运动的接通和切断靠换向阀控制，可以切断液压源或用固定挡块来使运动停止。前者一般用三位四通阀控制；后者可用三位四通阀，也可用二位四通阀。气动传动系统与此类似，但因气体有可压缩性，用切断动力源的方法停止运动时，工作不准确，一般都用固定挡块定位。

(3)车床加工循环自动化实例。对于车床而言,一个简单自动循环包括:刀架横向进刀—刀架纵向进给—刀架横向退出—刀架快速回程—自动停止。加工循环依据不同的机床和加工特征而包含不同的动作。自动循环可以通过机械传动、液压传动和气动–液压传动等方法实现。对于比较复杂的加工循环,一般采用继电器程序控制器控制其动作,采用挡块或各种传感器控制其运动行程。

①加工循环的实现。车床的溜板一般都由进给箱通过光杠或丝杠传动实现自动纵向进给,只要添置溜板快速回程装置和刀架横向进、退刀机构,即可实现其加工循环。溜板的快速回程可以用单独的快速电动机传动光杠来实现。

②横向进、退刀的实现。有两种方案:一种是使横向丝杠做少量轴向移动,带动整个横溜板做进退运动;另一种是设计能使车刀横向进退的专用刀夹以代替方刀架。前一种方案较适合于普通车床的自动化改装,后一种方案常用作车螺纹时的自动进刀机构,车刀向前复位多用手工操作,在这种机构中,刀具的夹持刚度不如前一种方案。

2.装卸工件自动化。自动装卸工件装置是自动机床不可缺少的辅助装置。机床实现了加工循环自动化之后,还只是半自动机床,在半自动机床上配备自动装卸工件装置后,由于能够自动完成装卸工作,因而自动加工循环可以连续进行,即成为自动机床。自动装卸工件装置通常称自动上料装置,它所完成的工作包括将工件自动安装到机床夹具上,以及加工完成后从夹具中卸下工件。其中的重要部分在于自动上料过程采用的各种机构和装备,而卸料机构在结构上比较简单,在工作原理上与上料机构有若干共同之处。

根据工作特点和自动化程度的不同,单件毛坯自动上料装置有料仓式上料装置和料斗式上料装置两种形式。

料仓式上料装置是一种半自动的上料装置,不能使工件自动定向,需要由工人定时将一批工件按照一定的方向和位置,顺序排列在料仓中,然后由送料机将工件逐个送到机床夹具中去。料仓式上料装置虽然需要工人周期性地将工件按规定的方向和顺序进行装料，但结构比较简单，工作可靠性较强，适用于工件外形较复杂、尺寸和质量较大，以及加工周期比较长的情况。

料斗式上料装置由于能够实现工件的自动定向，因而能进一步减轻工人的体力劳动，便于多机床管理。这种自动定向的料斗多适用于工件外形比较简单、体积和质量都比较小，而且生产节拍短、要求频繁上料的场合。

近年来，在各种类型的自动化机床上广泛应用了机械手来实现装卸工件自动化。这里所说的机械手，就是一种能实现较为复杂的动作循环的上、下料装置，它从料仓或输料槽中抓取工件，直接送入机床夹具。当工件加工完成后，也能从夹具中把工件卸到固定的地点。

3. 自动换刀装置。在自动化加工中，要减少换刀时间，提高生产率，实现加工过程中的换刀自动化，就需要刀架转位自动化。自动转位刀架应当有较高的重复定位精度和刚性，应便于控制。

刀架的转位可以由刀架的退刀（回程）运动带动，也可以由单独的电动机、气缸液压缸等带动。由退刀运动带动的转位，不需单独的驱动源，而用挡块和杠杆操纵。

三、数控机床

（一）数控机床的组成

数控机床主要由数控装置、进给伺服系统、主轴伺服系统以及反馈装置等部分组成。进给伺服系统包括进给驱动单元、进给电动机和位置检测装置。主轴伺服系统包括主轴驱动单元、主轴电动机和主轴准停装置等。

1. 数控程序。数控程序是数控机床自动加工零件的工作指令，是在零件工艺分析的基础上编制出的描述机床加工过程的程序，是由文字、数字和符号等按一定的规则和格式组成的代码。数控程序可由手工编程或计算机自动编程获得。早期数控程序的载体是程序单或穿孔纸带，现代程序的载体多为电子文档，故程序的载体可以是存储卡、计算机、磁盘等，采用哪一种存储介质取决于数控装置的设计。

2.数控装置。数控装置是数控机床的核心部件，现代数控机床都采用计算机数控装置。它包括微型计算机的电路、各种接口电路、CRT 显示器、键盘等硬件，以及相应的软件。数控装置能完成信息的输入、存储、变换、插补运算，以及实现各种控制功能。

3.伺服系统及位置检测装置。伺服系统主要由伺服驱动电机、驱动控制系统和位置检测和反馈装置等组成，是数控系统的执行部分。数控机床上的进给系统由机床上的执行部件和机械传动部件组成，进给系统接收数控装置发来的速度和位移指令信息，然后控制执行部件的进给速度、方向和位移量。每个进给运动的执行部件都配有一套伺服系统。通常将伺服系统分为三类，分别是开环、闭环和半闭环。

一般闭环和半闭环伺服系统中还配备有位置测量装置，直接或间接地测量执行部件的实际位移量。

4.机床本体及机械部件。数控机床的机床本体与传统机床相近，由主轴传动装置、进给传动装置、床身、工作台，以及辅助运动装置、液压气动系统、润滑系统、冷却装置等组成。

(二)数控机床的加工过程

1.首先分析零件加工图样，确定实际可行的加工方案、工艺参数和位移数据。

2.编写零件的加工程序。常采用的编程方法有手动编程和计算机辅助编程，最后生成零件的加工程序文件。

3.程序的输入。可以直接在操作面板上手工输入，也可以用辅助软件生成相应的程序，通过存储卡或计算机的单向通信接口直接传输到数控机床的数控装置。

4.校核输入数据装置加工程序。

5.操作机床，完成对零件的加工。

(三)计算机集成制造系统

1. 定义

目前,计算机集成制造系统(Computer Integrated Manufacturing System,CIMS)还没有一个完善的、被普遍接受的定义。1976年,美国的Hatvany教授给出的定义是:CIMS是通过成组技术和数据管理系统将CAD、CAM和生产计划、管理集成在一起的系统。CIMS是生产产品全过程的各自动化子系统的完美集成,是把工程设计、生产制造、市场分析和其他支持功能合理组织起来的计算机集成系统。还有学者认为:CIMS是把孤立的局部自动化子系统在新的模式下通过计算机及其软件灵活而有机综合起来的一个完整系统。在众多的观点中,下列两点是人们公认的:

CIMS在功能上包含了一个工厂的全部生产经营活动:市场预测→产品设计→加工制造→管理→售后服务。CIMS比传统的工厂自动化的范围大得多,是一个复杂的大系统。

CIMS模式是有机的集成,它不是工厂各个环节的计算机化或自动化的简单叠加,并且这样的集成不仅仅是物质、设备的集成,更主要的是技术集成,甚至于人的集成。

2. CIMS的组成

(1)工程设计系统。工程设计系统主要包括计算机辅助工程(Computer Aided Engineering,CAE)、计算机辅助设计(Computer Aided Design,CAD)、成组技术(Group Technology,GT)、计算机辅助工艺过程设计(Computer Aided Process Planning,CAPP)和计算机辅助制造(Computer Aided Manufacturing,CAM)等。

(2)经营管理系统。经营管理系统主要包括管理信息系统(Management Information System,MIS)、制造资源计划(Manufacturing Resource Planning,MRP)、生产管理(Production Management,PM)、质量控制(Quality Control,QC)、财务管理(Financial Management,FM)、经营计划管理(Business Management,BM)和人力资源管理(Human Resource

Management,HRM)。

(3)加工制造系统。加工制造系统主要包括FMS柔性制造系统、FMC柔性制造单元、CNC数控机床、可编程控制器PLC、机器人控制器(Robot Controller,RC)、自动测试(Computer Automated Testing,CAT)和物流系统等。

四、加工中心

加工中心(Machnng Center,MC)是为适应现代制造业发展需要而迅速发展起来的一种自动换刀数控机床。它将数控铣床、数控镗床、数控钻床等的多种功能集于一台加工设备上,具有刀库和自动换刀装置,可在一次安装工件后,按不同的加工工序要求自动选择和更换刀具,自动改变机床主轴转速、进给量和刀具相对工件的运动轨迹及其他辅助功能,依次完成多面和多工序的加工。

加工中心是目前世界上产量最高、应用最广泛的数控机床,主要用于箱体类和复杂曲面零件的加工,可在一次工件装夹中完成铣平面、铣沟槽、镗孔、钻孔、倒角、攻丝等加工,自动完成或接近完成工件各表面所有工序的加工。加工中心不仅减少了工件的装夹次数,从而减少了工件的装夹时间、测量和调整时间,也减少了工件等待、搬运时间,因此大大提高了机床的自动化程度、机床利用率和加工效率,提高了工件的加工精度。

(一)加工中心的概念和特征

加工中心是一种具有刀库和自动换刀装置,能按预定程序自动更换刀具,对工件进行多工序加工的高效数控机床。

与普通数控机床相比,加工中心具有以下特征:

1.加工中心是在数控机床的基础上增加了刀库和自动换刀装置,使工件在一次装夹后,可以自动地、连续地完成对工件表面的多工序加工,工序高度集中。

2.加工中心一般带有自动分度回转工作台或主轴箱,可自动转动角度,从而使工件在一次装夹后,自动地完成多个表面或多个角度位置的多工序加工。

3. 加工中心能在程序的控制下自动改变机床的主轴转速、进给量和刀具相对工件的运动轨迹及其他辅助功能。

4. 加工中心如果带有交换工作台，一个工件在工作位置的工作台上进行加工的同时，另外的工件可在不停止机床加工的情况下在装卸位置的工作台上进行装卸。

5. 加工中心的利用率达到普通数控机床的 3～4 倍甚至更高，大大提高了劳动生产率，同时避免了由于工件多次定位所产生的累积误差，提高了零件的加工精度。

(二)加工中心的组成

从本质上讲，加工中心就是在普通数控机床组成的基础上增加了机床刀库和自动换刀装置。正是由于这样的变化，引起了加工中心与普通数控机床在结构及外形上的明显差别。因此，通常认为，加工中心由基础部件、主轴部件、数控系统、伺服系统、自动换刀系统、辅助装置及自动托盘交换系统组成。

1. 基础部件。基础部件是加工中心的基础结构，由床身、立柱和工作台等组成，用来承受加工中心的静载荷及在加工过程中产生的切削负载。其必须具有足够的静态和动态刚度，通常是加工中心中体积和质量最大的部件。

2. 主轴部件。主轴部件由主轴、主轴电动机、主轴箱和主轴轴承等零件组成。主轴的启动与停止、正反转以及转速均由数控系统控制，并且通过安装在主轴上的刀具进行切削。主轴部件是切削加工的功率输出部件，是影响加工中心性能的关键部件。

3. 数控系统。加工中心的数控系统由 CNC 装置、可编程控制器组成。与普通数控机床相比，它不仅是加工中心执行顺序控制动作和控制加工过程的中心，而且刀库和换刀动作也由它来控制。

4. 伺服系统。伺服系统将数控装置传来的电信号转换为机床移动部件的运动，通常由伺服驱动装置、检测装置等组成，其性能是决定机床加工精度、表面质量和生产效率的主要因素之一。加工中心普遍采用闭环、半闭环的多路反馈控制方式。

5.自动换刀系统。自动换刀系统通常由机床刀库和换刀机械手组成。当需要换刀时，数控系统发出指令，由机械手将指定刀具从刀库中取出并装入主轴孔。常见的机床刀库有盘式、转塔式和链式等多种形式，容量从几十把到上百把不等。换刀机械手根据刀库与主轴之间的相对位置及结构的不同有单臂式、双臂式、回转式和轨道式等形式。有的加工中心不用机械手而直接利用主轴或刀库的移动实现换刀。

双臂式换刀机械手是目前应用最多的换刀机械手，其一端从机床刀库中取出将要使用的刀具，另一端从机床主轴上取下已经用过的刀具，机械手旋转将两把刀互换位置，一端将用过的刀具放回机床刀库，另一端将要使用的刀具装入机床主轴孔内，这样既可缩短换刀的时间又有利于机械手保持平衡。常用的双臂式换刀机械手的结构形式有钩手、伸缩手、抱手和叉手。

6.辅助装置。辅助装置包括润滑、冷却、排屑、液压、气动等部分。辅助装置虽然不直接参与切削运动，但对加工中心的加工效率、加工精度和可靠性起到保障作用，因此也是加工中心不可缺少的部分。

7.自动托盘交换系统。为了进一步缩短加工时间，有的加工中心配有两个自动交换工件的托盘，一个安装在工作台上加工，另一个则位于工作台外进行工件装卸。当一个工件完成加工后，两个托盘位置自动交换，进行下一个工件的加工，这样可减少辅助时间，提高生产效率。

（三）加工中心的分类

加工中心根据其结构和功能的不同，可以有不同的分类方式。按照主轴特征，加工中心通常分为卧式、立式、复合和多工作台加工中心。

1.卧式加工中心。卧式加工中心是指主轴轴线水平设置的加工中心。一般它具有 3～5 个运动坐标，即具有 3～5 个自由度。卧式加工中心有多种形式，最常见的有固定立柱式和固定工作台式。固定立柱式的卧式加工中心的立柱不动，其主轴箱在立柱的导轨上移动，而工作台可在两个水平坐标方向上移动；固定工作台式的卧式加工中心的三个坐标方向的运动均由立柱和主轴箱的移动来定位，安装工件的工作台是固定不移动的。与立式加工中心相比，卧式加工中心结构复杂、占地面积大、价格高。

2. 立式加工中心。立式加工中心是指主轴的轴线为垂直设置的加工中心，其结构多为固定立柱式，工作台为十字滑台，适合加工盘类零件，能完成铣削、镗削、钻削、攻螺纹和切削螺纹等工序。立式加工中心一般具有三个直线运动坐标轴，且最少是三轴二联动，一般也可实现三轴三联动，并可在工作台上安置一个水平轴的数控转台来加工螺旋线类零件。立式加工中心结构简单、占地面积小、价格低，配备各种附件后可完成大部分工件的加工。

3. 复合加工中心。复合加工中心也称多面加工中心或多坐标加工中心，是指工件一次装夹后，能完成多个面的加工设备。与三坐标数控机床相比，它多了一个可做圆周进给运动的数控回转工作台和一个数控主轴摆头，从而使机床除了可沿 X、Y、Z 三个坐标轴做直线移动外，还多了一个绕 Z 轴的转动和一个绕 Y 轴的摆动。主轴摆头的作用是使刀具在加工过程中摆动一定角度，避免刀具与工件产生干涉，或者使刀具轴线处于合适的位置，以改善切削条件，提高生产率，保证被加工零件的加工质量。

4. 多工作台加工中心。多工作台加工中心有时称为柔性加工单元(FMC)。它有两个以上可更换的工作台，通过运送轨道可把加工完的工件连同工作台(托盘)一起移出加工部位，然后把装有待加工工件的工作台(托盘)送到加工部位，这种可交换的工作台可设置多个，实现多工作台加工。其优点是可实现在线装夹，即在进行加工的同时，下边的工作台进行装、卸工件。另外可在其他工作台上都装上待加工的工件，开动机床后，能完成对这一批工件的自动加工，工作台上的工件可以是相同的，也可以是不同的。这些都可由程序进行处理。多工作台加工中心有立式的，也有卧式的。无论立式还是卧式，其结构都较复杂，刀库容量较大，机床占地面积大，控制系统功能较全，计算速度快，内存容量大。采用的都是最先进的 CNC 系统，所以价格昂贵。

五、机械加工自动线

机械加工自动化生产线（简称自动线）是一组用运输机构联系起来的由多台自动机床（或工位）、工件存放装置，以及统一自动控制装置等组成的自动加工机器系统。

（一）自动线的特征

自动线能减轻工人的劳动强度，并大大提高劳动生产率，减少设备布置面积，缩短生产周期，缩减辅助运输工具，减少非生产性的工作量，建立严格的工作节奏，保证产品质量，加速流动资金的周转和降低产品成本。自动线的加工对象通常是固定不变的，或在较小的范围内变化，而且在改变加工品种时要花费许多时间进行人工调整。另外，因其初始投资较多，因此，自动线只适用于大批量的生产场合。

自动线是在流水线的基础上发展起来的，它具有较高的自动化程度和统一的自动控制系统，并具有比流水线更为严格的生产节奏性能。在自动线的工作过程中，工件以一定的生产节拍，按照工艺顺序自动地经过各个工位，在不需工人直接参与的情况下，自行完成预定的工艺过程，最后成为合乎设计要求的制品。

（二）自动线的组成

自动线通常由工艺设备、质量检查装置、控制和监视系统、检测系统以及各种辅助设备等组成。由于工件的具体情况、工艺要求、工艺过程、生产率要求和自动化程度等因素的差异，自动线的结构及其复杂程度常常有很大的差别。但是其基本部分大致是相同的。

（三）自动线的类型

自动线可从以下三方面进行分类。

1. 按工件外形和切削加工过程中工件运动状态分类

(1)旋转体工件加工自动线。这类自动线由自动化通用机床、自动化改装的通用机床或专用机床组成，用于加工轴、盘及环类工件，在切削加工过程中工件旋转。这类自动线完成的典型工艺是:车外圆、车内孔、车槽、车螺纹、磨外圆、磨内孔、磨端面、磨槽等。

(2)箱体、杂类工件加工自动线。这类自动线由组合机床或专用机床组成,在切削过程中工件固定不动,可以对工件进行多刀、多轴、多面加工。这类自动线完成的典型工艺是:钻孔、扩孔、铰孔、镗孔、铣平面、铣槽、车端面、套车短外圆、加工内外螺纹以及径向切槽等。随着技术的发展,车削、磨削、拉削、仿形加工、珩磨、研磨等工序也纳入了组合机床自动线。

2.按所用工艺设备的类型分类

(1)通用机床自动线。这类自动线多数是在流水线基础上,利用现有的通用机床进行自动化改装后连接而成。其建线周期短、制造成本低、收效快,一般多用于加工盘类、环类、轴、套、齿轮等中小尺寸且较简单的工件。

(2)专用机床自动线。这类自动线所采用的工艺设备以专用自动机床为主。专用自动机床由于是针对某一种(或某一组)产品零件的某一工序而设计制造的,因而其建线费用较高。这类自动线主要针对结构比较稳定、生产比较大的产品。

(3)组合机床自动线。用组合机床连成的自动线,在大批量生产中日益得到普遍的应用。由于组合机床本身具有一系列优点,特别是与一般专用机床相比,其设计周期短、制造成本低,而且已经在生产中积累了较丰富的实践经验,因此组合机床自动线能收到较好的使用效果和经济效益。这类自动线在目前大多用于箱体、杂类工件的钻、扩、铰、镗、攻螺纹和铣削等工序。

3.按设备连接方式分类

(1)刚性连接的自动线。在这类自动线中没有储料装置,机床按照工艺顺序依次排列,工件由输送装置从一个工位传送到下一工位,直到加工完毕。其工件的加工和输送过程具有严格的节奏性,当一个工位出现故障时,会引起全线停车。因此,这种自动线采用的机床和辅助设备都要具有良好的稳定性和可靠性。

(2)柔性连接的自动线。在这类自动线中设有必要的储料装置,可以在每台机床之间或相隔若干工位设置储料装置,储备一定数量的工件,当一台机床(或一段)因故障停车时,其上下工位(或工段)的机床在一定时间内可以继续工作。

(四)自动线性控制系统

自动线为了按严格的工艺顺序自动完成加工过程,除了各台机床按照各自的工序内容自动地完成加工循环以外,还需要有输送、排屑、储料、转位等辅助设备和装置配合并协调地工作,这些自动机床和辅助设备依靠控制系统连成一个有机的整体,以完成预定的连续的自动工作循环。自动线的可靠性在很大程度上取决于控制系统的完善程度和可靠性。

自动线性控制系统可分为三种基本类型:行程控制系统、集中控制系统和混合控制系统。

行程控制系统没有统一发出信号的主令控制装置,每一运动部件或机构在完成预定的动作后发出执行信号,启动下一个(或一组)运动部件或机构,如此连续下去,直到完成自动线的工作循环。由于控制信号一般是利用触点式或无触点式行程开关,在执行机构完成预定的行程量或到达预定位置后发出,因而称为行程控制系统。行程控制系统实现起来比较简单,电气控制元件的通用性强,成本较低。在自动循环过程中,若前一动作没有完成,后一动作就得不到启动信号,因而控制系统本身具有一定的互锁性。但是,当顺序动作的部件或机构较多时,行程控制系统不利于缩短自动线的工作节拍。同时,控制线路电器元件增多,接线和安装会变得复杂。

集中控制系统由统一的主令控制器发出各运动部件和机构顺序工作的控制信号。一般主令控制器的结构原理是在连续或间歇回转的分配轴上安装若干凸轮,按调整好的顺序依次作用在行程开关或液压(或气动)阀上,或在分配圆盘上安装电刷,依次接通电触点以发出控制信号。分配轴每转动一周,自动线就完成一个工作循环。因为集中控制系统是按预定的时间间隔发出控制信号的，所以也称为“时间控制系统”。集中控制系统电气线路简单，所用控制元件较少，但其没有行程控制系统那样严格的连锁性，后一机构按一定时间得到启动信号，与前一机构是否已完成了预定的工作无关，可靠性较差。集中控制系统适用于比较简单的自动线，在要求互锁的环节上，应设置必要的连锁保护机构。

混合控制系统综合了行程控制系统和集中控制系统的优点，根据自动线的具体情况，将某些要求连锁的部件或机构用行程控制，以保证安全可靠，其余无连锁关系的动作则按时间控制，以简化控制系统。混合控制系统大多应用在通用机床自动线和专用（非组合）机床自动线中。

六、柔性制造单元

柔性制造单元（FMC）是在制造单元的基础上发展起来的。它在加工中心的基础上增加了托盘自动交换装置、刀具和工件的自动测量装置、加工过程的监控功能（如自适应功能、刀具破损监控功能等）。因此 FMC 具有独立加工的能力，部分具有自动传送和监控管理的功能，可实现某些零件的多品种小批量加工。FMC 投资少、效率高，技术上容易实现，因此深受用户欢迎，得到了广泛的应用和发展。

FMC 的主要特点：①同步加工。在单元计算机的控制下，可在不同或同一机床上进行不同零件的加工。②扩展性好。在单元计算机的控制下，可组成柔性制造系统并进行通信。③在机床加工过程中可自动进行刀具的更换，以及多工位托盘的自动更换，工件的加工时间与装卸时间重叠，比加工中心更进一步缩短辅助时间，提高生产效率。④在机床加工过程中实现加工过程监控。⑤相对于 FMS 来说，其投资规模小、实现周期短、产生经济效益快，这对投资能力有限的中小企业来说具有很实际的意义。

FMC 的构成一般分为两大类：一类是加工中心配托盘自动交换系统（APC）；另一类为数控机床配工业机器人。

(一)加工中心配托盘自动交换系统的FMC

加工中心配托盘自动交换(Automatic Pallet Changer,APC)系统的FMC以托盘交换系统为特征,一般具备5个以上托盘,组成环形回转式托盘库。

托盘支撑在圆柱环形导轨上,由内侧的环链拖动而回转,链轮由电动机驱动。托盘的选定和停位,是由可编程序控制器(PLC)进行控制,借助终端开关、光电识码来实现的。一般认为,只有具备5个以上托盘,才能称为FMC。这种托盘系统具有存储、运送功能,还具有自动检测功能、工件和刀具的归类功能、切削状态监视功能等。由这种FMC实现连续24小时自动加工是非常有效的。托盘的交换是由设在环形交换系统中的液压或电动拖拉机构来实现的。这种交换首先指的是在加工中心上加工的托盘与托盘系统中备用的托盘交换。如果在托盘系统的另一端再设置一个托具工作站,则这种托盘系统可以通过托具工作站与其他系统发生联系,若干个FMC通过这种方式,可以组成一条FMS线。

(二)数控机床配工业机器人的FMC

这种FMC的构成核心包括若干(2～5)台CNC机床以圆周的方式环绕一个单台机器人排列。在单元中,机器人搬运所有的零件并在机床上装卸零件。各种工序之间的管理和协调由单元计算机来完成。FMC在24小时内连续运转,只是日班需要工人参与。日班要准备好计算机编程、生产计划和日程进度计划、热处理,以及在托板上安装零件等工作。

七、柔性制造系统

柔性制造系统(FMS)是由计算机集中控制和管理,由数控机床和自动物料传输装置相结合,可自主地同时完成多品种、中小批量生产任务的制造系统。

它主要由3个系统组成:①多工位的数控加工系统;②自动化的物料输送和存储系统;③计算机控制信息系统。

FMS实际上是在成组技术、数控技术、物流技术、计算机技术和自动检测与控制技术迅速发展的基础上产生的综合技术产物，它具有如下功能：①以成组技术为核心的对零件分析编组的功能；②以计算机编排作业计划的智能功能；③以数控机床、加工中心为核心，自动换刀、自动交换工件的加工功能；④以托盘和运输系统为核心的工件存放和自动运输功能；⑤以各种自动检测装置为核心的自动测量、定位和监控功能。

柔性制造系统由以下几部分组成：①中央管理和控制计算机，它接收工厂主计算机的指令，对整个 FMS 实行监控，对每一台数控机床或制造单元实行控制，对夹具、工具等实现集中管理和控制；②物流控制装置，对自动化仓库、无人输送台车、加工毛坯和成品、加工用的夹具等实现集中管理和控制；③自动化仓库，将毛坯、半成品或成品等进行自动调用或储存；④无人输送台车，行走于 FMS 基本单元之间，用于输送工件、刀具等，可以是无轨的或是有轨的；⑤制造单元，即数控机床及工业机器人；⑥中央刀具库，刀具的集中存储区；⑦夹具站，及时实现对夹具的调整和维护；⑧信息传输网络，即 FMS 的信息系统；⑨缓冲工作站，实现从无人台车到制造单元之间传送的缓冲功能。

FMS 是个较复杂的大系统，一般应采用递阶结构来进行控制和管理。

八、自动线的辅助设备

在自动化制造过程中，为了提高自动线的生产效率和零件的加工质量，除了采用高柔性、高精度及高可靠性的加工设备和先进的制造工艺外，零件的运储、翻转、清洗、去毛刺，以及切屑和切削液的处理也是不可缺少的工序。零件在检验、存储和装配前必须清洗及去毛刺；切屑必须随时被排除、运走并回收利用；切削液的回收、净化和再利用，可以减少污染，保护工作环境。有些自动化制造系统（Automatic Manufacturing System，AMS）集成有清洗站和去毛刺设备，可实现清洗及去毛刺自动化。

(一)清洗站

清洗站有许多种类、规格和结构,一般按其工作是否连续分为间歇式(批处理式)和连续通过式(流水线式)。批处理式清洗站用于清洗质量和体积较大的零件,属中小批量清洗;流水线式清洗站用于零件通过量大的场合。

清洗机可以说是污物、杂渣收集器。筛网和折流板用于过滤金属粉末、杂渣、油泥和其他杂质,必须定期对其进行清洗。油泥输送装置通过一个斜坡将废物送入油泥沉淀箱,沉淀后清除废物,液体流回中央存储箱。存储箱的定时清理非常重要,购买清洗设备时必须考虑中央存储箱的检修和便于清洗。

(二)去毛刺设备

以前去毛刺一直是由手工进行的,是重复的、繁重的体力劳动。最近几年出现了多种去毛刺的新方法,可以减轻人的体力劳动,实现去毛刺自动化。最常用的方法有机械法、振动法、喷射法、热能法、电化学法等。

1.机械法去毛刺。机械法去毛刺包括在 AMS 中使用工业机器人,机器人手持钢丝刷、砂轮或油石打磨毛刺。打磨工具安放在工具存储架上,根据不同零件和去毛刺的需要,机器人可自动更换打磨工具。

2.振动法去毛刺。振动法去毛刺机适用于清除小型回转体或棱体零件的毛刺。零件分批装入一个筒状的大容器罐内,用陶瓷卵石作为介质,卵石大小因零件类型、尺寸和材料而异。盛有零件的容器罐快速往复振动,在陶瓷介质中搅拌零件,以去毛刺和氧化皮。振动的强烈程度可以改变,猛烈的搅拌用于恶劣型毛刺,柔缓的搅拌用于精密零件的打磨和研磨。

振动法去毛刺包括回转滚筒法、振动滚筒法、离心滚筒法、涡流滚筒法、旋磨滚筒法、往复槽式法、磨料流动槽式法、摇动滚筒法、液压振动滚筒法、磨料流去毛刺法、电流变液去毛刺法、磁流变液去毛刺法、磁力去毛刺法等,这些方法原理上也属于机械去毛刺的范畴。

3.喷射法去毛刺。喷射法去毛刺是利用一定的压力和速度将去毛刺介质喷向零件，以达到除毛刺的效果。喷射法去毛刺包括水平喷射去毛刺、喷丸去毛刺、抛丸去毛刺、气动磨料流去毛刺、液体珩磨去毛刺、浆液喷射去毛刺、低温喷射去毛刺等。严格来讲，喷射法去毛刺也属于机械去毛刺的范畴。

4.热能法去毛刺。热能法去毛刺是利用高温除毛刺和飞边。将需去毛刺的零件放在坚固的密封室内，然后送入一定量的、经充分混合的、具有一定压力的氢气和氧气，经火花塞点火后，混合气体瞬时爆炸，放出大量的热，瞬时温度高达3300℃以上，毛刺或飞边燃烧成火焰，立刻被氧化并转化成为粉末，前后经历大约25～30分钟时间，然后用溶剂清洗零件。热能法去毛刺最大的好处是能够完成所有部位毛刺的清除。

5.电化学法去毛刺。电化学法去毛刺是通过电化学反应将工件上的材料溶解到电解液中，对工件去毛刺或成形。与工件型腔形状相同的电极工具作为负极、工件作为正极，直流电流通过电解液。电极工具进入工件时，工件材料超前电极工具被溶解。电化学法去毛刺是通过调节电流来控制去毛刺和倒棱，材料去除率与电流大小有关。电化学法去毛刺最大的优点是电极工具不接触工件且不会产生热量，但较为缓慢。

（三）工件输送装置

工件输送装置是自动线中最重要的辅助设备，它将被加工工件从一个工位传送到下一个工位，为保证自动线按生产节拍连续地工作提供条件，并从结构上把自动线的各台自动机床联系成为一个整体。

工件输送装置的形式与自动线工艺设备的类型和布局、被加工工件的结构和尺寸特性，以及自动线工艺过程的特性等因素有关，因而其结构形式也是多样的。在加工某些小型旋转体零件（例如盘状、环状零件、圆柱滚子、活塞销、齿轮等）的自动线中，常采用输料槽作为基本输送装置。输料槽有利用工件自重输送和强制输送两种形式。自重输送的输料槽又称滚道，它不需要其他动力源和特殊装置，因而结构简单。对于小型旋转体工件，大多采用以自重滚送的方法实现自动输送。对于体积较大和形状复杂的零件，可以采用各种输送机械。

（四）自动线上的夹具

自动线上所采用的夹具可归纳为两种类型，即固定式夹具与随行式夹具。

固定式夹具即附属于每一加工工位，不随工件输送而移动的夹具，固定安装于机床的某一部件上或安装于专用的夹具底座上。这类夹具也分为两种类型：一种是用于钻、镗、铣、攻螺纹等加工的夹具，在加工过程中固定不动；另一种是工件和夹具在加工时尚需做旋转运动。前者多用于箱体、壳体、盖、板等类型的零件加工或组合机床自动线中，后者多用于旋转体零件的车、磨、齿形加工等自动线中。

随行式夹具为随工件一起输送的夹具，适用于缺少可靠的输送基面、在组合机床自动线上较难用输送带直接输送的工件。此外，对于有色金属工件，如果在自动线中直接输送时其基面容易磨损，也须采用随行式夹具。

（五）转位装置

在加工过程中，工件有时需要翻转或转位以改换加工面。在通用机床或专用机床自动线中加工中、小型工件时，其翻转或转位常常在输送过程或自动上料过程中完成。在组合机床自动线中，需设置专用的转位装置。这种装置可用于工件的转位，也可用于随行夹具的转位。

（六）储料装置

为了使自动线能在各工序的节拍不平衡的情况下连续工作较长的时间，或者在某台机床更换调整刀具或发生故障而停歇时保证其他机床仍能正常工作，必须在自动线中设置必要的储料装置，以保持工序间（或工段间）具有一定的工件储备量。

储料装置通常可以布置在自动线的各个分段之间，也有布置在每台机床之间的。对于加工某些小型工件或加工周期较长的工件的自动线，工序间的储备量常建立在连接工序的输送设备（例如输料槽、提升机构及输送带）上。根据被加工工件的形状大小、输送方式及要求的储备量的大小不同，储料装置的结构形式也不相同。

（七）排屑装置

在切削加工自动线中，切屑料源源不断地从工件上流出，如不及时排除，就会堵塞工作空间，使工作条件恶化，影响加工质量，甚至使自动线不能连续地工作。因此，将切屑料从加工地点排除并将它收集起来远离自动线是不容忽视的问题。

第二节　物料供输自动化

物流系统是机械制造系统的重要组成部分之一，它的作用是将制造系统中的物料技术输送到有关设备或仓库。设施处在物流系统中，物料首先输入制造系统，然后由物料输送系统送至指定位置。物流系统的自动化是当前制造工业追求的目标。

一、物料供输自动化概述

在制造业中，从原材料到产品出厂，机床作业时间仅占5%，工件处于等待和传输状态的时间则占95%。其中，物料传输与存储费用占整个产品加工费用的30%～40%。因此，物流系统的优化能够大大提高运转速率、降低生产成本、减轻库存积货以及提高综合经济效益。

（一）物流系统及其功用

物流是物料的流动过程，按其物料性质不同，可分为工件流、工具流和配套流三种。其中工件流由原材料、半成品、成品构成；工具流由刀具、夹具构成；配套流由托盘、辅助材料、备件等构成。

在自动化制造系统中，物流系统是指工件流、工具流和配套流的移动与存储，它主要完成物料的存储、输送、装卸、管理等功能。

1. 存储功能

在制造系统中，有许多物料处于等待状态，即不处在加工和使用状态，这些物料需要存储和缓存。

2. 输送功能

完成物料在各工作地点之间的传输，满足制造工艺过程和处理顺序的需求。

3. 装卸功能

实现加工设备及辅助设备上、下料的自动化，以提高劳动生产率。

4. 管理功能

物料在输送过程中是不断变化的，因此需要对物料进行有效的识别和管理。

（二）物流系统的组成

自动线输送系统完成自动线上的物料输送任务，由各种连续输送机、通用悬挂小车、有轨导向小车及随行夹具返回装置等组成。

FMS 物流系统完成 FMS 物料的传输，由自动导向小车、积放式悬挂小车、积放式有轨导向小车、搬运机器人、自动化仓库等组成。

二、单机自动供料装置

（一）单机自动供料装置概述

单机自动供料装置。完成单机自动上、下料任务，由储料器、隔料器、上料器、输料槽、定位装置等组成。

加工设备或辅助设备的供料可采用两种不同的方式，一种是人工供料方式，另一种是自动供料设备。人工供料工作强度大、操作时间长，随着制造业自动化水平的不断提高，这种供料方式将逐渐被自动供料装置所替代。自动供料装置一般由储料器、输料槽、定向定位装置和上料器组成。储料器可储存一定数量的工件，根据加工设备的需求自动输出工件，经输料槽和定向定位装置传送到指定位置，再由上料器将工件送入机床加工位置。储料器一般设计成料仓式或料斗式。料仓式储料器需人工将工件按一定方向摆放在仓内；料斗式储料器只需将工件倒入料斗，由料斗自动完成定向。料仓或料斗一般储存小型工件，对于较大的工件可采用机械手或机器人来完成供料过程。

对供料装置的基本要求如下：①供料时间尽可能少，以缩短辅助时间和提高生产率；②供料装置结构尽可能简单，以保证供料稳定可靠；③供料时避免大的冲击，防止供料装置损伤工件；④供料装置要有一定的适用范围，以适应不同类型、不同尺寸工件的要求；⑤能够满足一些工件的特殊要求。

（二）料仓、料斗及输料槽

1. 料仓的结构形式及拱形消除机构

由于工件的重量和形状、尺寸变化较大，因此料仓的结构设计没有固定模式。一般将料仓分成自重式和外力作用式两种结构。拱形消除机构一般采用仓壁振动器。仓壁振动器使仓壁产生局部、高频微振动，可破坏工件间的摩擦力和工件与仓壁间的摩擦力，从而保证工件连续地由料仓中排出。仓壁振动器的振动频率一般为1000～3000次/min。当料仓中物料搭拱处的仓壁振幅达到0.3mm时，即可达到破拱效果。在料仓中安装搅拌器也可消除拱形堵塞。

2. 料斗

料斗上料装置带有定向机构，工件在料斗中可自动完成定向。但并不是所有工件在送出料斗之前都能完成定向，这种没有完成定向的工件将在料斗出口处被分离，并返回料斗重新定向，或由二次定向机构再次定向，因此料斗的供料率会发生变化。为了保证正常生产，应使料斗的平均供料率大于机床的生产率。

3. 输料槽

根据工件的输送方式（靠自重或强制输送）和工件的形状，输料槽有许多种结构形式。一般靠工件自重输送的自流式输料槽结构简单，但可靠性较差；半自流式或强制运动式输料槽的可靠性高。有些外形复杂的工件不可能在料斗内一次定向完成，因此需要在料斗外的输料槽中实行二次定向。

4. 供料与隔料机构

供料与隔料机构的功能是定时地把工件逐个输送到机床加工位置。

为了简化机构，一般将供料与隔料机构设计成一体。此外，还有一种利用电磁振动使物料向前输送和定向的电磁振动料槽，它具有结构简单、供料速度快、适用范围广等特点。

三、自动线输送系统

自动化的物料输送系统是物流系统的重要组成部分。在制造系统中，自动线的输送系统起着人与工位、工位与工位、加工与存储、加工与装配之间的衔接作用，同时具备物料的暂存和缓冲功能。运用自动化输送系统如带式、滚筒式、链式、步伐式、悬挂输送系统和有轨导向小车及自动导向小车等设备，可以加快物料的流动速度，使各工序之间的衔接更加紧密，从而提高生产效率。

（一）带式输送机

带式输送机是应用最广泛的输送机械，它是由一条封闭的输送带和承载构件构成的连续输送物料的机械。其特点是工作平稳可靠，易实现自动化，可应用于工厂、仓库、车站、码头、矿山等场合。

带式输送机的基本工作原理：无端输送带绕过驱动滚筒和张紧滚筒，借助输送带与滚筒之间的摩擦力来带动输送带运动，物料经装载装置被运送到输送带，输送带将物料运输至卸载处，最后通过卸载装置将物料卸载至储备间。

带式输送机特点是输送距离长、生产效率高、结构简单、费用低、操作灵活可控、运行平稳、易于操作、使用安全、容易实现自动控制等。

普通的带式输送机在结构上分为输送带、支撑装置、驱动装置、张紧装置、制动装置及改向装置等。

1. 输送带

输送带的作用是传递牵引力和承载物料，要求强度高、耐磨性好、挠性强、伸长率小。输送带按材质可分为橡胶带、塑料带、钢带、金属网带等，其中最常用的是橡胶带；按用途分主要有强力型、普通型、轻型、井巷型、耐热型 5 种；此外，还有花纹型、耐油型等。输送带两端可使用机械接头、冷粘接头和硫化接头连接。机械接头强度仅为带体强度的35%～40%，应用日渐减少。冷粘接头强度可达带体强度的70%左右，应用日趋增多。硫化接头强度能达带体强度的85%～90%，接头寿命最长。输送带的宽度比成件物料宽度大50～100mm。

2. 支撑装置

支撑装置的作用是支撑输送带及带上的物料，减少输送带的下垂，使其能够稳定运行。

3. 驱动装置

驱动装置的功用是驱动输送带运动。驱动装置主要包括动力部分、传动部分（减速器和联轴器）和滚筒部分。普通带式输送机的驱动装置通过摩擦传递牵引力，动力部分多数采用电动机。对于通用固定式和功率较小的带式输送机，多采用单滚筒驱动，即电动机通过减速器和联轴器带动一个驱动滚筒运转。驱动滚筒通过与带接触表面产生的摩擦力带动输送带运行。传动装置多采用皮带、链条或齿轮传动，还可采用电动滚筒传动。为有效传递牵引力，输送带与驱动滚筒间必须有足够的摩擦力。驱动滚筒分光面和胶面两种，其中光面滚筒的摩擦系数较小。在功率不大、环境湿度较小的情况下，宜采用光面滚筒；当环境潮湿、功率较大、容易打滑时宜采用胶面滚筒。

4. 张紧装置

张紧装置的作用：一是保证带有必要的张力，与滚筒有必要的摩擦力，避免打滑；二是限制带在各种支撑滚柱间的垂度，使其在允许的范围内。张紧装置的主要结构形式有小车重锤式、螺旋式和垂直重锤式三种。

5. 制动装置

在倾斜式的带式输送机中，为防止其停车时因物料重力作用而发生反向运动，需在驱动装置中设置制动装置。通常制动装置可分为滚柱逆制器、带式逆制器、电磁瓦块式和液压式电磁制动器。

6. 改向装置

此装置是用来改变输送方向的装置。在末端改向可采用改向滚筒，在中间改向可采用几个支撑滚柱或改向滚筒。

(二)链式输送机

链式输送机由链条、链轮、电动机、减速器、联轴器等组成。长距离输送的链式输送机还有张紧装置和链条支撑导轨。链条由驱动链轮牵引,链条下面有导轨,支撑着链节上的套筒辊子。货物直接压在链条上,随着链条的运动而向前移动。

输送链条多采用套筒滚子链。输送链与传动链相比,链条较长,质量大。一般将输送链的节距制成为普通传动链的2倍或3倍以上,这样可减少铰链个数,减小链条质量,提高输送性能。链轮齿数对输送链性能的影响较大,齿数太少会使链条运行平稳性变差,而且使冲击、振动、噪声、磨损加大。根据链条的速度不同,最小链轮齿数可取13～21齿。链轮齿数过多会导致机构庞大,一般最多采用120齿。

链式输送系统中,物料一般通过链条上的附件(特殊链条)带动前进。附件可用链条上的零件扩展而成,同时还可以配置二级附件(如托架、料斗、运载机构等)。用链条和托板组成的链板输送机也是一种广泛使用的连续输送机械。

(三)悬挂输送系统

悬挂输送系统适用于车间内成件物料的空中输送。悬挂输送系统节省空间,且更容易实现整个工艺流程的自动化。悬挂输送系统分为通用悬挂输送系统和积放式悬挂输送系统两种。悬挂输送机由牵引件、滑架小车、吊具、轨道、张紧装置、驱动装置、转向装置和安全装置等组成。

积放式悬挂输送系统与通用悬挂输送系统相比有下列区别:牵引件与滑架小车无固定连接,两者有各自的运行轨道;有岔道装置,滑架小车可以在有分支的输送线路上运行;设置停止器,滑架小车可在输送线路上的任意位置停车。

下面对悬挂输送机的牵引件、滑架小车和转向装置做简单介绍。

1. 牵引件

牵引件根据单点承载能力来选择,单点承载能力在100kg以上时采用可拆链，单点承载能力在100kg及以下时采用双铰接链。

2. 滑架小车

装有物料的吊具挂在滑架小车上，牵引链牵动滑架小车沿轨道运行，将物料输送到指定的工作位置。滑架小车有许用承载重量，当物料质量超过这个值时，可设置两个或更多的滑架小车来悬挂物料。

3. 转向装置

通用悬挂输送机的转向装置由水平弯轨和支承牵引链的光轮、链轮或滚子排组成。转向装置结构形式的选用应视实际工况而定，一般最直接的方法是在转弯处设置链轮。当输送张力小于链条许用张力的60%时，可用光轮代替链轮；当转弯半径超过1m时，应考虑采用滚子排作为转向装置。

四、柔性物流系统

柔性物料储运系统是由数控加工设备、物料储运装置和计算机控制系统等组成的自动化制造系统。它包括多个柔性制造单元，能根据制造任务或生产环境的变化迅速进行调整，适用于多品种、中小批量生产。

从硬件的形式上看，柔性物料储运系统由以下三部分组成：①两台以上的数控机床或加工中心以及其他的加工设备，包括测量机、清洗机、动平衡机、各种特种加工设备等；②一套能自动装卸的储运系统，包括刀具的储运和工件原材料的储运。具体结构可采用传送机、运输小车、搬运机器人、上下料托盘、交换工作站等；③一套计算机控制系统。

（一）柔性物料储运形式

柔性物料输送系统是为FMS服务的，它决定着FMS的布局和运行方式。由于大部分的FMS工作站点多、输送线路长、输送的物料种类不同，物流系统的整体布局比较复杂。一般可以采用基本回路来组成FMS的输送系统。

1. 直线型储运形式

这种形式比较简单，在我国现有的FMS中较为常见。它适用于按照规定的顺序从一个工作站到下一个工作站的工件输送，输送设备做直线运动，在输送线两侧布置加工设备和装卸站。直线型输送形式的线内储存量小，常需配合中转仓库及缓冲站。

2. 环形储运形式

环形储运形式的加工设备、辅助设备等布置在封闭的环形输送线的内外侧。输送线上可采用各类连续输送机、输送小车、悬挂式输送机等设备。在环形输送线上，还可增加若干条支线，作为储存或改变输送线路用。故其线内储存量较大，可不设置中央仓库。环形储运形式便于实现随机存取，具有非常好的灵活性，所以应用范围较广。

3. 网络型储运形式

这种储运形式的输送设备通常采用自动导向小车。自动导向小车的导向线路埋设在地下，输送线路具有很大的柔性，故加工设备敞开性好，物料输送灵活，在中、小批量的产品或新产品试制阶段的 FMS 中应用越来越广。网络型储运形式的线内储存量小，一般需设置中转仓库和托盘自动交换器。

4. 以机器人为中心的储运形式

它是以搬运机器人为中心，加工设备布置在机器人搬运范围内的圆周上。一般机器人配置了夹持回转类零件的夹持器，因此它适用于加工各类回转类零件的 FMS 中。

(二)自动导向小车(AGV)系统

零件在系统内部的搬运所采用的运输工具，目前比较实用的主要有三种：传送带、搬运机器人和运输小车。传送带是从传统的机械式自动线发展而来的，在目前新设计的系统中应用越来越少。由于搬运机器人工作的灵活性强、具有视觉和触觉能力，以及工作精度高等一系列优点，近年来在 FMS 中的应用日趋增多。运输小车的结构变化发展得很快，形式多样，大体上可分为无轨和有轨两大类。有轨小车(Railway Guided Vehicle，RGV)有的采用地轨，像火车的轨道一样；有的采用高架轨道，即把运输小车吊在两条高架轨道上移动。无轨小车因其导向方法的不同而分为有线导向、磁性导向、激光导向和无线电遥控等多种形式。FMS 系统发展的初期，多采用有轨小车，随着 FMS 控制技术的成熟，越来越多地采用 AGV。

1. AGV 的构成

FMS 中采用 AGV 系统能使系统布局设计具有最大的灵活性。AGV 系统由 AGV 和地面制导与管理系统两部分组成。AGV 也称无人小车，几十年来其技术日趋成熟，得到广泛应用。AGV 的主要组成部分包括车体、行走驱动机构、物料交换装置、安全防护装置、蓄电池、导向机构、控制系统。选用 AGV 时应考虑其最大载重量、最高行走速度、准停精度、制导方式等四项性能指标。

AGV 有平台车、叉车、牵引车三种基本类型，由于平台车结构紧凑、运行灵活，平台上能安装物料交换装置，因此其应用最广泛。

2. AGV 的制导

AGV 地面制导与管理系统包括：制导/定位系统、交通管理系统、调度操作设备、通信设备、辅助设备。

制导是 AGV 系统的核心技术。制导方式分固定线路、半固定线路和无固定线路三大类，各类中又有多种制导方法。最常用的有以下几种方法：

(1)电磁制导。沿 AGV 的运行路线，把电缆埋在离地表面几厘米深的沟中，当通以 3～10kHz 电流时，安装在 AGV 上的耦合线圈就能检测出小车对路线的偏移，从而控制 AGV 的运行方向。这种方法具有电缆不易被损坏、工作可靠的优点，但铺设电缆工程量大，改变或扩充线路困难，线路附近不允许有磁性物质。实用化的 AGV 大多采用电磁制导。

(2)激光制导。沿着小车行走路线用激光束对 AGV 进行扫描，AGV 的激光检测器接收到激光后将其转变成制导信号，控制 AGV 的运行方向。在二维空间中布置激光器，控制其扫描就能引导 AGV 沿任意弯曲路线行走。在某一点定向发射激光，通过光传感器就能引导 AGV 沿固定的直线路径运行。激光制导对地面没有特殊要求，因此，如果受地面条件限制不能采用电磁制导或光反射制导，则可以采用激光制导。

(3)标记跟踪制导。在 AGV 运行的线路上贴些导向标记(或反射板、彩球等)，通过安装在 AGV 上的电视摄像机识别这些标记，判定行进方向。

3. AGV 的控制和保护

AGV 在 FMS 中自动运行时，其作业过程由作业点呼叫、中央控制室调度、AGV 行驶、物料交换等步骤构成。AGV 控制是指 AGV 行驶控制和物料交换器控制。AGV 控制系统由检测单元、控制单元、驱动单元组成。对简单的 FMS 来说，可以把 AGV 的运行程序预先存储到车载控制装置的微型计算机中，让 AGV 按照该程序自动运行。对比较复杂的 FMS，为了提高 AGV 的运行效率，应让中央控制室与 AGV 进行信息交换。控制调度系统可采用无线电通信方式，借助地面通信控制装置和车载通信控制装置，实现中央控制室和 AGV 的通信控制。

AGV 与某设备交换物料，必须准确地停靠到其作业地点。使 AGV 准停的方法有：①在 AGV 停靠地点用定位销限位，可以使整台小车或只是车上的托盘准停；②在 AGV 停靠地点布置导轨或在 AGV 上装导向杆，在准停地点安装引导装置而实现准停；③采用里程表、编码器、接近开关、光电传感器等，在 AGV 上安装接触传感器或超声波安全保护装置，可保护 AGV 在行驶线路上不受异物损害。

(三)自动仓库

自动仓库又称立体仓库。FMS 中采用自动仓库不仅能有效地存取和保管毛坯、成品、工夹具、自制件、外购配件，还能控制调节物料流动，准确统计库存物料的种类、规格、数量，实时地向各作业点提供急需物料，为上层管理系统提供物流信息，实现订货、生产计划、物料控制的集成。

1. 自动仓库的种类及其结构

自动仓库由货架和存取货物的设备组成，每排货架按列和层分成若干大小相等的货格，物料放在托盘上(或货箱中)存入货格。根据存取货物时货架和物料的状态特点，可将自动仓库分成固定式自动仓库和循环式自动仓库。

(1)固定式自动仓库。固定式自动仓库由货架、堆垛机、载货工具、进出库作业站和进出库控制装置组成。固定式自动仓库的货架可以与车间的墙壁和天花板建成一体，使其成为厂房设计的一部分，也可以作为独立的结构体，把它建在车间内某一个地方。每排货架都被水平地分成若干层和垂直地分成若干列，层列交错地在货架上隔出货格。若干排货架平行布置就能构筑出大型自动仓库，货架之间的空间称为巷道。巷道、货架的层、货架的列组成了 X、Y、Z 三维立体空间，一个货架唯一地对应着直角坐标系的一个坐标点。

堆垛机又称自动巷道车，它可以在巷道中沿 X 轴方向运行，其升降台和载货台(含货物存取装置，如货叉)可沿 Y、Z 轴方向移动，因此堆垛机能对巷道两侧货架中的每件货物进行存取和输送。自动仓库的每条巷道至少有一台堆垛机。

使用载货工具(例如托盘、零件盘、货箱)实施物料自动存取和输送。托盘是一种随行夹具，大、中型零件通常装夹在托盘上直接送到机床加工，小型零件的装载多用零件盘，散件常用货箱。

只有经过进出库作业站才能实现货物入、出库。在该作业站可以安排操作人员协同工作。在进出库控制装置的控制下，摆放在进出库作业站上的物料(放在托盘上或放到货箱中)，可以被堆垛机取走，送到预定的货格中存储起来。反之，堆垛机也可以从指定的货格中取出物料，送给进出库作业站。

(2)循环式自动仓库。物料随回转台一起做水平回转运动。如果操作人员设定了一个货位号，当该货位到达进/出库站时，自动仓库便停止运转，自动存/取货装置就可实施物料的进/出库操作。

把水平循环自动仓库竖立起来，就成为垂直循环自动仓库，其物料随回转台一起做垂直回转运动。垂直循环自动仓库的控制方式与水平循环自动仓库完全一样，但物料的进/出库操作是在某一设计高度上实施的。

将水平循环自动仓库多层叠置，就构成了多层水平循环自动仓库，其每层货位均可独立地水平回转，互不制约地实施进/出库操作。这种仓库能迅速地完成物料的分类、检索、挑选、进出库操作。

与固定式自动仓库比较，循环式自动仓库的规模比较小，货架之间一般不需要通道，多用于物料的短期管理，效率较高。

2. 自动仓库的管理和控制

FMS的自动仓库采用多级分布式控制，包括以下方面：

(1)预处理计算机层。预处理计算机层负责对货物编码(如条形码)识别的信息进行预处理，并把与货箱零件有关的信息送到管理计算机上登记。

(2)管理计算机层。管理计算机层担当对整个自动仓库的物料、账目、货位及其信息进行管理的任务，按均匀分配原则把入库货箱分配给各条巷道，按先进先出原则调用库存物料，还能提供库存查询和打印报表的任务。

(3)通信监控机层。通信监控机层接收管理计算机的作业命令包，将其拆包、分解、数据处理，按巷道对作业命令进行分类排序，并下达给堆垛机控制器和运输机控制器执行；还能显示出指定作业的地址和各巷道的作业箱数，监视实际运行地址和实际完成的作业箱数。

(4)堆垛机控制器。堆垛机控制器执行通信监控计算机的作业命令，合理设定堆垛机的运行速度，控制堆垛机按遥控方式或全自动在线方式运行，使之从事入库、出库、转库等工作；还能在屏幕上显示出作业目的地址和运行地址，显示堆垛机运行的 X 向速度和 Z 向速度的大小与方向，显示伸叉方向；还给堆垛机安全运行提供一些保护措施，例如，当堆垛机出现小故障时，启动暂停功能可使其停止运行，排除故障后再让它继续工作，当货叉占位、取货无箱、存货占位等现象发生时，能及时报警并做出相应处理。

(5)运输机控制器。运输机控制器执行通信监控计算机的作业命令，从作业地址中取出巷道号，对其进行数据处理，依照处理结果控制分岔点的停止器，使货箱在运输机上自动分岔。

第五章　自动化加工刀具

随着机械制造自动化技术的高速发展，过去单纯的刀具生产已不能满足数控机床、加工中心、柔性制造单元和柔性制造系统等加工的要求，自动化加工刀具的范围已扩展到包括刀具管理、刀具的识别和检测在内的现代刀具技术，有效地提高了整个自动化加工过程的生产效率。

第一节　自动化刀具的特点、类型及调整

一、自动化刀具的特点

为了适应自动化加工机床连续性生产、使用刀具数量多、要求生产率高、加工质量稳定等特点，所用刀具除应满足一般刀具所具备的条件外，还应尽量满足以下要求。

（一）刀具切削性能稳定，具有高的耐用度和可靠性

自动化加工的基本前提就是刀具应有高的可靠性，加工中不会发生意外的损坏。刀具的性能一定要稳定可靠，同一批刀具的切削性能和耐用度不得有较大差异。

为了提高生产效率，现在的数控机床向着高速度、高刚性和大功率方向发展。如中等规格的加工中心，其主轴最高转速一般为3000～5000r/min，有的高达10000r/min。因此现代刀具必须有承受高速切削和较大进给量的性能，而且要有较高的耐用度，以减少换刀次数和调整时间。对于数控镗铣床，应尽量采用高效铣刀和可转位钻头等先进刀具。采用的高速钢刀具尽量用整体磨制后再经涂层的刀具，以保证刀具既耐用度高又稳定可靠。目前数控机床上涂层硬质合金刀具、陶瓷刀具和超硬刀具等高

性能材料的刀具不断出现，并在最佳切削速度下工作，充分发挥了数控机床的效能。

(二)断(卷)屑和排屑方便可靠

由于自动化机床的加工往往是在封闭的环境里进行的，其加工过程一般不需要人工干预，所以可靠的断屑和排屑对保证加工质量及设备安全意义重大，因此要求所用刀具应能可靠地断(卷)屑，便于实现自动排屑。

(三)刀具能实现快速更换，调整方便

自动化机床使用的刀具种类较多，所用的刀具数量从几十把到上百把。为了尽量减少装卸和调整刀具所需的辅助时间，要求采用可调整刀具，在线外预调好刀具尺寸并采用各种快换刀架和刀夹，以保证准确而迅速地实现换刀，减少换刀的时间损失，某些情况下(如加工中心)还要适应自动换刀的需要。

(四)刀具应具有较高的精度

为适应自动化加工的精度和快速自动更换刀具的要求，刀具及其装夹结构也必须具有很高的精度，能保证在机床上的安装精度(通常在0.005mm以内)和重复定位精度。例如，削铣类加工中心使用的刀具，锥柄精度选用ISOAT$_4$级精度。数控车床使用的可转位刀片一般为M级精度，其刀体加工精度也要相应提高。如果数控车床是圆盘形或圆锥形刀架，要求刀具不经过尺寸预调直接装上使用时，则应选用精密级可转位车刀，其所配用的刀片应有G级精度，或者选用精化刀具，以保证高要求的刀尖位置精度。数控机床用的整体刀具也具有高精度的要求。例如有些立铣刀的径向尺寸精度高达0.005mm，以满足精密零件的加工要求。

(五)实现刀具的标准化、系列化和通用化

实现刀具的标准化、系列化和通用化不仅便于刀具的制造、降低刀具的费用，也有利于减少刀具及辅助工具的品种和规格，便于管理和实现自动化换刀。从而降低生产成本和提高生产效率，特别是一些具有FMS的现代制造车间通常建立有FMS刀具管理系统，负责刀具的运输、存储和

管理，适时地向加工单元提供所需的刀具，监控管理刀具的使用等。这也需要以刀具的标准化、系列化和通用化为基础，实现对刀具的集中监控和管理。

（六）设置加工及刀具工作状态的监控及检测装置

为保证刀具在正常的切削条件下稳定可靠地进行加工，避免意外事故（如孔内切屑堵塞等）损坏刀具，造成零件报废，甚至损坏机床，应设置加工过程及刀具工作状态的监控与自动检测装置，即按刀具的过载保护及破损检测要求，设置刀具的破损信号显示及报警装置。

二、自动化刀具的类型及选用

自动化刀具通常分为标准刀具和专用刀具两大类。在以自动生产线为代表的刚性自动化生产中，应尽可能提高刀具的专用化程度，以取得最佳的总体效益。而在以数控机床、加工中心为主体构成的柔性自动化加工系统中，为了提高加工的适应性，同时考虑到加工设备的刀库容量有限，应尽量减少使用专用刀具，而选用通用标准刀具、刀具标准组合件或模块式刀具。自动化常用的刀具种类有：可转位车刀、高速钢麻花钻、机夹扁钻、扩孔钻、铰刀、铣刀、立铣刀、面铣刀、丝锥和各种复合刀具等。刀具的选用与其使用条件、工件材料与尺寸、断屑情况及刀具和刀片的生产供应等许多因素有关。此外，刀具的结构形式有时对工艺方案的拟订也起着决定性影响，因此必须慎重对待，综合考虑。

（一）刚性自动化刀具及辅具

组合机床及其自动线是大批量生产中常用的刚性自动化设备，属于专门化的生产形式，所用刀具的专门化程度高，其工具系统相对简单。在刚性自动化系统中，根据工艺要求与加工精度的不同，常用的刀具有一般刀具、复合刀具和特殊刀具等。在选择刀具时应注意以下问题：

1. 优先选取各种标准刀具。

2. 为了工序集中或加工精度的需要，可以采用复合刀具，例如用装有几把镗刀的镗杆镗削同轴孔等。

3.要根据加工材料的特点合理选择刀具结构,以保证刀具的耐用度。

4.镗刀和铰刀的选用原则:

(1)在进行孔的精加工时,大多数情况下镗和铰的工艺均可采用。但因铰刀的直径不宜做得过大,故铰孔一般用于加工 100mm 以下的孔。

(2)在多工位的回转工作台和鼓轮机床上宜采用切削工艺。因为这种机床在加工时易产生振动,若采用铣削有时会影响加工孔的圆度和表面质量。

为了在组合机床及其自动线上实现切削刀具的更换和实现一些较特殊的工艺内容,采用了各种标准的和专用的辅具。常用的标准辅具有各种浮动卡头、快换卡头和接杆等。专用辅具是为了完成一些特殊的加工内容而设计的,常见的有孔内切相、端面或止口加工、切内锥面、镫球孔等。这些辅具的共同点是都需要刀具的斜向或横向进给。其一般原理是:利用钻镘头在工作进给中,使辅具的一部分顶在夹具或工件上,不再向前进给,而与辅具的另一部分产生相对运动,通过一定的转换机构,将动力滑台的纵向进给运动转换成刀具的横向或斜向运动。

(二)数控机床和柔性自动化加工用的工具系统

这里的工具系统是指用来连接机床主轴与刀具和辅具的总称。以数控机床、加工中心为主体所构成的柔性自动化加工系统,因要适应随机变换加工零件的要求,所用刀具数量多,且要求换刀迅速准确,因此在各种加工中心上还应实现自动换刀。为此,需要采用标准化、系列化、通用化程度较高的刀具和辅具(含刀柄、刀夹、接杆和接套等)。目前在数控加工中已广泛采用各种可转位刀具。不少国家或公司都针对数控镗铣加工和数控车削加工等分别制定出标准化和系列化的工具系统,已逐步形成了较为完善的数控车削加工用的工具系统和数控削铣加工用的工具系统。随着数控机床的发展,目前也出现了可同时适应数控车削和数控镗铣加工的工具系统。在生产中可根据具体情况,按标准刀具目录和标准工具系统合理配置所需的刀具和辅具,供加工系统使用。

1. 数控车削加工用的工具系统

数控车削加工用的工具系统的构成与结构，与机床刀架的形式、刀具类型以及刀具系统是否需要动力驱动等因素有关。数控车床类机床常采用立式或卧式转塔刀架作为刀库，刀库容量为4～8把刀具，一般按加工工序布置，与机床类机床工艺顺序布置，并实现自动换刀。其特点是结构简单、换刀快速，一次换刀仅需1～2s，对相似性较高的零件加工一般可不换刀。当加工不同种类的零件时，需要重新换装刀具或整体交换转塔刀架。

目前比较典型的车削工具系统有德国DIN69880工具系统、瑞士SANDVIK公司的BTS模块式车削工具系统、日本WIDIA公司的MULTIFLEN车削工具系统、德国HERTEL公司的FTS车削工具系统，以及美国KENAMETAL公司的KV车削工具系统等。其中德国DIN69880工具系统具有重复定位精度高、夹持刚性好、互换性强等特点。

2. 数控镗铣加工刀具的工具系统

数控镗铣加工刀具的工具系统一般由工具柄部、刀具装夹部分和刀具组成。镗铣类工具系统可分为整体式与模块式两大类。

(1)整体式结构镗铣类工具系统。这种工具系统的柄部与夹持刀具的工作部分连成一体，不同品种和规格的工作部分都必须带有与机床主轴相连接的柄部，致使工具的规格、品种繁多，给生产、使用和管理都带来不便。我国的TSG82工具系统就属于这种类型。TSG82工具系统是一个连接镗铣类数控机床(含加工中心)的主轴与刀具之间的辅助系统，它包含多种接杆和刀柄，也有少量刀具(如镗刀头)，具有结构简单、使用方便、装卸灵活、调换迅速等特点。

(2)模块式工具系统。20世纪80年代以来，为了解决整体式工具系统规格品种繁多的问题，一些国家或公司相继开发了多种多样的模块式工具系统，这种工具系统把工具的柄部和工作部分分开，制成各种系列化的模块，然后用不同规格的中间模块组装成不同用途、不同规格的模块式工具，从而方便了制造、使用和管理，减少了用户的工具储备。

三、刀具的快换及调整

为了减少更换和调整刀具所需的辅助时间,可以采用各种刀具更换及调整装置,在线外预调好刀具尺寸,准确而迅速地实现机床上的换刀。

实现快速更换刀具的基本方法有:更换刀片,更换刀具,更换刀夹。

(一)更换刀片

目前,在自动化加工中广泛采用各种硬质合金刀具进行切削,刀具磨损后,只要将刀片转过一个角度即可继续使用,整个刀片磨损后,可换上同一型号的新刀片。这种方法简便迅速,无需线外或线内(机床内)对刀调整。其换刀精度取决于刀片的精度等级和定位精度。但当机床的工作空间较小时,刀片的拆装及支撑面的清理不太方便。

(二)更换刀具

更换刀具时从刀夹上取下磨钝了的刀具,再将已在线外调整好的刀具装上即可。这种方法比较方便、迅速,换刀精度高,可使用普通级可转位刀片,也不受机床敞开空间大小的限制。但对刀杆的精度要求较高,并需增加预调装置及预调工作量。

(三)更换刀夹

更换刀具时整个刀夹一起卸下调换,在线外将已磨好的刀具固定在刀夹上进行预调。这种方法能获得较高的换刀精度,一个刀夹可装上2把刀具,缩短了换刀时间,并可实现机械手自动换刀。但需要一套复杂的预调装置,刀夹笨重,手工换刀不方便。

第二节　自动化刀具的换刀装置

在零件的机械加工过程中,为了缩短辅助加工时间,提高机床的加工效率和加工质量,出现了各种各样的刀库和自动换刀装置。集成了刀库和自动换刀装置的数控机床称为加工中心,它预先将各种类型和尺寸的刀具存储在刀库中。加工时,机床根据数控加工指令自动选择所需要的刀具，并装进主轴或刀架，自动转位换刀，使工件在一次装夹下完成多工序加工。

一、自动换刀装置

数控机床的自动换刀系统中实现刀库与机床主轴之间传递和装卸刀具的装置称为刀具交换装置。在旧式数控机床上多采用转塔头自动换刀装置，这是一种较简单的换刀装置。在较复杂的数控机床上，刀具的交换方式通常采用由刀库与机床主轴的相对运动实现刀具交换和采用机械手进行刀具交换两类。

刀具的交换方式及其具体结构对机床的生产率和工作可靠性有着直接的影响。

（一）转塔头自动换刀装置

若干根主轴安装在一个可以转动的转塔头上，每根主轴对应装有一把可以旋转的刀具。根据加工要求可以依次将装有所需刀具的主轴转到加工位置，实现自动换刀，同时接通主运动。因此这种换刀方式又称为更换主轴换刀，转塔头实际上就是一个刀库。

（二）利用刀库与机床主轴的相对运动实现刀具交换的装置

在换刀时此装置必须首先将用过的刀具送回刀库，然后再从刀库中取出新刀具，这两个动作不可能同时进行，因此换刀时间较长。

（三）利用机械手实现刀具交换的装置

采用机械手进行刀具交换的方式应用得最为广泛，这是因为机械手换刀有很大的灵活性，而且可以减少换刀时间。在各种类型的机械手中，双臂机械手集中体现了以上的优点。在刀库远离机床主轴的换刀装置中，除了机械手外，还要有中间搬运装置。

二、刀库

刀库是自动换刀系统中最主要的装置之一，其功能是储存各种加工工序所需的刀具，并按程序指令，快速、准确地将刀库中的空刀位和待用刀具送到预定位置，以便接受主轴换下的刀具和便于刀具交换装置进行换刀，它的容量、布局以及具体结构对数控机床的总体布局和性能有很大影响。

（一）刀库的类型

盘式刀库应用较广，刀具轴线与盘轴线平行、垂直或成锐角。这种刀库结构简单紧凑，但刀具单环排列，空间利用率低，大容量刀库的外径较大，转动惯量大，选刀运动时间长。因此，这种形式的刀库容量一般不宜超过 32 把刀具，常见于一些小型加工中心上。

链式刀库容量较大，当采用多环链式刀库时，刀库外形较紧凑，占用空间较小，适用于大容量的刀库。增加存储刀具数时，只需增加链条长度，而不增加链轮直径，链轮的圆周速度不变，所以刀库的运动惯量增加不多。这种刀库多见于一些国外进口的大型加工中心上。

格子式刀库容量较大，结构紧凑，空间利用率高，但布局不灵活，通常将刀库安放于工作台上，有时甚至在使用一侧的刀具时，必须更换另一侧的刀座板。

（二）刀具的选择方式

根据数控系统的选择指令，从刀库中将各工序所需的刀具转换到取刀位置，称为自动选刀。自动选刀方式有以下两种。

1. 顺序选刀方式

采用这种方式时，刀具在刀库中的位置是严格按照零件加工工艺所规定的刀具使用顺序依次排列的，加工时按加工顺序选刀。采用这种选择方式时，驱动控制较为简单，工作可靠，不需要识刀装置。这种选刀方式的缺点是加工不同的工件时必须重新排列刀库中的刀具顺序，使刀具数量增加。因此，这种换刀选择方式不适合于多品种小批量生产。

2. 任意选择方式

这种方式根据程序指令的要求任意选择所需要的刀具，刀具在刀库中可以不按加工顺序而任意存放，利用控制系统来识别、记忆所有的刀具和刀座。自动选刀时，刀库旋转，自动识刀装置根据程序指令来选择所需要的刀具，当识刀装置所对应的刀具与程序指令所要求的刀具一致时，刀库停止转动，等待换刀。该方式的优点是刀具可以放在刀库中的任意位置，选刀灵活方便，提高了自动换刀装置的灵活性和通用性。因此，这种换刀选择方式适合于多品种小批量生产。

（三）编码方式

柔性自动化加工系统在换刀过程中，必须保证准确无误地自动选择加工所需要的刀具。在为了提高系统的柔性和适应多品种小批量的随机生产而采用任意选刀方式的系统中，应为换刀系统配备刀具的编码和自动识别系统。任意选刀方式需预先将刀库中的每把刀具进行编码，使之具有可识别的代码。其编码方式可以有刀具编码、刀套编码和编码附件等。

1. 刀具编码

这种编码方式就是在每一把刀具的尾部用编码环编上该刀具的号码。选刀时，根据程序所发出的刀号指令，选择所需的刀具。由于每把刀具都有自己的确定代码，所以无论将刀具放入刀库的哪个刀座中都不会影响正确选刀。这样，刀库中的刀具可以在不同的工序中重复使用，用过的刀具也不一定放回原刀座中，避免了因为刀具存放在刀库中的顺序差错而造成的事故，也缩短了换刀时间，简化了自动换刀系统的控制。

2. 刀套编码

这种编码方式对每个刀套都进行编码，同时刀具也编号，并将刀具放到与其号码相符的刀套中。换刀时，刀库旋转，使各个刀套依次经过识刀器，直至找到指定的刀套，刀库便停止旋转。这种编码方式由于取消了刀柄中的编码环，使刀柄结构大为简化。因此，识刀器的结构不受刀柄尺寸的限制，而且可以放在较适当的位置。但是这种编码方式在自动换刀过程中必须将用过的刀具放回原来的刀套中，增加了换刀动作。

3. 编码附件

编码附件方式可分为编码钥匙、编码卡片、编码杆和编码盘等。其中应用最多的是编码钥匙，这种方式是先给各刀具都系上一把表示该刀具代码的编码钥匙，当把各刀具存放到刀库的刀套中时，将编码钥匙插进刀套旁边的钥匙孔中，这样就把钥匙的代码转记到刀套中，给刀套编上了号码，识别装置可以通过识别钥匙上的号码来选取该钥匙旁边刀套中的刀具。

这种编码方式称为临时性编码，因为从刀套中取出刀具时，刀套中的编码钥匙也取出，刀套中原来的编码随之消失。因此，这种方式具有更大的灵活性。但钥匙编码方式与刀套编码方式一样，都要求刀具必须对号入座，必须将用过的刀具放回原来的刀套中，这是它的主要缺点。

此外，还有条形码编码方式。此方式将刀具编码与刀具的预调工作相结合，预调时即对刀具进行编码，并通过与预调装置相连的打印机打印出条形码，由操作者贴在刀具规定位置上，选刀时用条形码阅读器进行精确的刀具识别。此方式的编码作业简单，但有装错的可能性。另外，在较差的环境中，条形码容易从刀具上脱落。

（四）识刀装置

识刀装置的职能是将刀具的代码从编码装置上读取下来。目前，识刀方式有以下两种。

1. 接触式识刀装置

接触式刀具识别装置应用较广，特别适用于空间位置较小的编码。接触式刀具识别装置结构简单，但由于触针有磨损，故寿命较短、可靠性较差，且难以快速选刀。

2. 非接触式识刀装置

非接触式刀具识别装置没有机械直接接触，因而无磨损、无噪声、寿命长、反应速度快，适用于高速、换刀频繁的工作场合。其常用的有磁性识别和光电识别两种方法。

（1）磁性识别法

磁性识别法是利用磁性材料和非磁性材料磁感应强弱的不同，通过感应线圈读取代码。编码环的直径相等，分别由导磁材料（如低碳钢）和非导磁材料（如黄铜、塑料等）制成，规定前者的二进制码为“1”，后者的二进制码为“0”。

(2)光电识别法

光电刀具识别装置是利用光导纤维良好的光导特性，采用多束光导纤维来构成阅读头。其基本原理是：用紧挨在一起的两束光纤来阅读二进制码的一位时，其中一束光纤将光源投射到能反光或不能反光(被涂黑)的金属表面上，另一束光纤将反射光送至光电转换元件转换成电信号，以判断正对着这两束光纤的金属表面有无反射光。一般规定有反射光为“1”，无反射光为“0”。所以，若在刀具的某个磨光部位按二进制规律涂黑或不涂黑，即可给刀具编码。

非接触式识刀装置与接触式识刀装置相比，有如下优点：①无撞击现象，因此无噪声；②可用于高速铣刀；③无磨损，寿命长。

此外，图像识别技术也开始用于刀具识别。

三、刀具尺寸预调

在自动化加工中，为提高调整精度并避免造成太多的停车时间损失，大多在线外将刀具尺寸调好，换刀时不需任何附加调整，即可保证加工出合格的工件尺寸。一般尺寸预调包括：车刀径向、轴向和刀具高度位置的调整，铣刀径向尺寸的调整以及铣刀与棒状刀具(如钻头)轴向尺寸的调整。

第三节　排屑自动化

在切削加工自动线中，切屑源源不断地从工件上流出，如不及时排除，就会堵塞工作空间，使工作条件恶化，影响加工质量，甚至使自动线不能连续地工作，因此自动排屑是不容忽视的问题。

排屑自动化包括以下三个方面：一是从加工区域把切屑清除出去；二是从机床内把切屑运输到自动线以外；三是从切削液中把切屑分离出去，以使切削液继续回收使用。

一、切后的排除方法

从加工区域清除切屑的方法取决于切屑的形状、工件的安装方式、工件的材质及采用的工艺等因素，一般有以下几种方法：

(1)靠重力或刀具回转离心力将切屑甩出。这种方法主要用于卧式孔加工和垂直平面加工。为了便于排屑，在夹具、中间底座上要创造一些切屑顺利排出的条件。如加工部位要敞开，夹具和中间底座上平面尽量做成较大的斜坡并开洞，要避免能造成堆积切屑的死角等。

(2)用大流量切削液冲洗加工部位。

(3)采用压缩空气吹屑。这种方法对已加工表面或夹具定位基面进行清理，如不通孔在攻螺纹前用压缩空气喷嘴清理残留在孔中的积屑，以及在工件装夹前对定位基面进行吹屑。

(4)负压真空吸屑。在每个加工工位附近安装真空吸管与主吸管相通，采用旋转容积式鼓风机，鼓风机的进气口与管道相接，排气端设置分离器、过滤器。这种方法对于干式磨削工序以及铸铁等脆性材料加工时形成的粉末状切屑量适用。

(5)在机床的适当运动部件上附设刷子或刮板，周期性地将工作地点积存下来的切屑清除出去。

(6)电磁吸屑。适用于加工铁磁性材料的工件，工件与随行夹具通过自动线后需要退磁。

(7)在自动线中安排清屑、清洗工位。例如，为了将钻孔后的碎屑清除干净以免下道工序攻螺纹时丝锥折断，可以安排倒屑工位，即将工件翻转，甚至振动工件，使切屑落入排屑槽中。

二、切屑搬运装置

具有集中冷却系统的自动线往往采用集中排屑沟，集中排屑装置一般设在底座下的地沟中，也可以贯穿各工位的中间底座。

自动线中常用的切屑搬运装置有平带输屑装置、刮板输屑装置、螺旋输屑装置及大流量切削液冲刷输屑装置。

(一)平带输屑装置

在自动线的纵向,用宽型平带贯穿机床中部的下方,平带张紧在鼓形轮之间,切屑落在平带上后被带到容屑地坑中定期清除。这种装置只适用于在铸铁工件上进行孔加工工序,当加工钢件或铣削铸铁件时,切屑会无规律飞溅,落在两层平带之间带到滚轮处引起故障,故不宜采用,也不能在湿式加工条件下使用。在机械加工设备中,这种排屑装置已不再使用。

(二)刮板式输屑装置

该装置也是沿纵向贯穿自动线铺设,它可以设在自动线机床中间底座内或自动线下方地沟里。封闭式链条装在两个链轮上,焊在链条两侧的刮板将地沟中的切屑刮到深坑中,再用提升器将切屑提起倒入小车中运走。这种装置不适用于加工钢件时产生的带状切屑。

(三)螺旋输屑装置

这种输屑装置适用于各种切屑,特别是钢屑。它设置在自动线机床中间底座内,螺旋器自由放在排屑槽内,它和减速器采用万向接头连接,这样可以使螺旋器随磨损面下降,以保证螺旋器紧密贴合在槽上。排屑槽可采用铸铁或用钢料焊成,铸铁器耐磨性好,适用于不便修理的场合。设在机床床身内的排屑槽,磨损后应易于更换,一般用钢槽较好。

三、大流量切削液冲屑装置

这种排屑方式采用大量的切削液,将加工产生的切屑从规床一加工区冲落到纵向贯穿自动线的下方地沟中。地沟按一定的距离设有多个大流量的切削液喷嘴,将切屑冲向地沟另一端的切削液池中。通过切削液和切屑的分离装置,将切屑提升到切削箱中,切削液重复使用。采用这种排屑方式需要建立较大的切削池,增加切削液切屑分离装置。另外,在机床的防护结构上要考虑安全防护以防止切削液飞溅。该系统适用于不很长的单条自动线,也适用于多条自动线及单台机床组成的加工车间;适用于铝合金金属的切屑处理，也适用于钢及铸铁等材质工件切屑的处理。

四、切削液处理系统

从切削液中分离切屑，保证切削液发挥应有的功能，无论是对单机独立冷却润滑，还是多机集中冷却润滑，都包括沉淀和分离。经切削区工作过的切削液将其中携带的切屑、磨屑、砂粒、灰尘、杂质进行沉淀、分离，使再次供给切削区的切削液保持必要的清洁度，这是切削液正常使用的最起码的要求。

（一）沉淀箱和分离板

沉淀箱是最简单、最常用的方法之一。在切削箱中放置至少两块隔离板。当切削液绕过隔离板时，就会使杂质沉淀在箱底。这种沉淀方法适用于切屑大、密度大的杂质分离。带刮板链传送带式沉淀箱可用于水基切削液集中冷却处理场合中铸铁件磨削磨粒的沉淀分离。为了强化沉淀、分离效果，在沉淀箱上可附加多种类型的分离器。

此外，还有涡旋分离器、磁性分离器、漂浮分离器、离心式分离器、静电式分离器等。其中，涡旋分离器的分离方式，必须先将液体中的大块带状切屑清除后，再用涡旋分离器将切削液和切屑进一步分离。

（二）过滤装置

以过滤介质对切削液微小颗粒进行过滤，是精加工保证表面质量的重要环节。过滤介质一般分两类：第一类是经久耐用、循环使用的，如钢丝、不锈钢丝编织的网，以及尼龙合成纤维编织网和耐用的纺织布等。这一类滤网网眼堵塞后可以清洗，重复使用。第二类是一次性的过滤纸、毛毡和纱布。这两类过滤介质的过滤精度一般在 6～20μm 范围内。若要提高过滤精度，就要在上述过滤介质上涂层，涂层物为硅藻土活性炭，过滤精度可达 1～2μm。

过滤装置一般分重力过滤、真空过滤和加压过滤三种形式。重力过滤靠液体本身重量渗透介质，一般需要较大的过滤面积，用于水基切削液集中处理，但不适用于油基切削液；真空过滤（也称负压过滤）应在过滤介质下面设置真空度，靠真空吸引，加快过滤过程，适用于油基切削液及大流量水基切削液集中过滤，过滤精度达 10～15μm，但过滤介质消耗大，占地面积大。加压过滤，是在封闭循环系统中通过泵加压，使切削液通过过滤介质进行过滤。滤网太脏时，可反向通过压缩空气或清洁的切削液反冲、清洗。滤网可为尼龙网、纸质滤芯、陶瓷滤芯、金属丝网滤芯等。

五、切屑及切削液处理装置

长期以来，切削液在切削加工中起着不可缺少的作用，但它也对环境造成了一定的污染。为了减少它的不良影响，一方面可采用干切削或准干切削等先进加工方法来减少切削液的使用量，另一方面要加强对它的净化处理，以便进行回收利用，减少切削液的排放量。

在自动化制造系统中，由于从工件的加工过程到工件在加工系统中的运输和存储都是以自动化的方式进行的，因此为了保证产品的加工质量和系统的正常运行，需要对加工过程和系统运行状态进行检测与监控。

加工过程中产品质量的自动检测与监控的主要任务在于预防产生废品、减少辅助时间、加速加工过程、提高机床的使用效率和劳动生产率。它不仅可以直接检测加工对象本身，也可以通过检验生产工具、机床和生产过程中某些参数的变化来间接检测和控制产品的加工质量，还能根据检测结果主动地控制机床的加工过程，使之适应加工条件的变化，防止废品产生。

第六章　检测过程自动化

第一节　机械制造中的自动检测技术

一、机械制造中的自动检测方式

机械加工过程是一个把原材料转变为产品的过程。要成功地实现加工转变，就必须把握住加工过程中各种有价值的数据信息，使加工过程正常进行和控制加工质量，而检测就是获取和分析、处理制造过程中数据信息的技术手段。人工或自动的检测方法各种各样，被检测的可以是几何量、物理量或工艺参量。

所谓准确度检测，就是检查和测量产品或工艺参量的实际值与理想值的符合程度，即确定误差值。误差可分为随机误差和系统误差两种，其中随机误差难以控制，而系统误差是测量的对象，如刀具磨损、由切削力和工件自重引起的机床变形、加工系统的热变形以及机床的导轨直线度误差等引起的工件尺寸、形状误差等。

在机械加工中的自动化检测可分为对产品的检测和对工艺过程的检测，根据检测所处的时间和环境，可将检测分为离线检测、在位检测和在线检测。

加工后脱离加工设备对被测对象进行的检测称为离线检测，其结果不一定能反映加工时的实际情况，也不能连续检测加工过程的变化。对产品的检测一般都是离线检测，在工件加工完成后，按验收的技术条件进行验收和分组，包括尺寸和形状的精度、表面粗糙度、力学和表面性能、材料组织和外观等。在这类检测中，能自动将工件分为合格品和废品，需要时还能把合格零件自动分组以供应不同装配需求。这种被动检测方法只能做误差统计分析，从中找出加工误差的变化趋势，而无法预防废品的产生。

工件加工完毕后，在机床加工位置上进行的检测称为在位检测，所用检测仪器可以事先装在机床上，也可以临时安装使用。在位检测也只能检测加工后的结果，但可免除离线检测时由于加工与检验两者定位基准不重合所带来的误差，以及重复安装带来的误差，因此其结果更接近实际加工情况。此外，若检测后发现工件不合格，可以立即返修，节省了反复搬运、对位安装的辅助时间。

在加工或装配过程中对被测对象进行的动态检测称为在线检测或主动检测。被检测对象是加工设备和工艺过程参量，如切削负荷、刀具磨损及破损、温升、振动、工件参数等。把检测结果与要求参量相比较，并反馈比较结果，自动控制加工过程，如改变进给量、自动补偿刀具的磨损、自动退刀、停车等，使之适应加工条件的变化，从而防止废品的产生。

在线检测的特点如下：

(1)能够连续检测加工过程中的变化，及时了解加工中的误差分布和发展，为实时误差补偿和控制创造条件。

(2)检测结果能反映实际加工情况，如工件在加工过程中的热变形，离线检测就无法检测到。

(3)在线检测一般都采用在线检测系统，其自动运行，自动化程度高。

(4)在线检测时间长，接触式检测会造成触头磨损、发热、接触不稳定等问题，所以大都使用非接触传感器。这样不会破坏已加工的表面，但要求传感器性能好。

(5)加工过程中的检测会受到一些条件限制，如传感器的安置、传感器信号的导出、振动和噪声以及冷却液和切屑对传感器的影响等，所以实现难度比较大。

根据在线检测的对象，可将在线检测分为直接检测和间接检测两种类型。直接检测系统直接检测工件的加工误差并进行补偿，是一种综合的检测方式。其直接反映加工误差，但不容易实现。间接检测系统检测产生加工误差的误差源并进行补偿，如对机床主轴的回转运动误差进行检测和补偿，以提高工件的圆度；对螺纹磨床的母丝杠热变形进行检测和补偿，以提高被加工螺纹的螺距精度。这样的检测系统相对比较容易实现。

检测领域应用计算机技术以后，自动检测的范畴扩大到生产过程各阶段，从对工艺过程的监视扩展到实现最佳条件的适应控制生产。从这种机能上说，自动检测不仅是质量管理系统的技术基础，而且是自动加工系统不可缺少的一个组成部分。

二、自动检测装置

（一）检测装置的发展

由于人工检测操作简单，在生产加工中仍广泛应用，检测工具也不断得到改进和更新。然而，随着市场竞争的日趋激烈，产品结构变得越来越复杂，产品设计制造的周期日益缩短，加工设备正向大型、连续、高速和自动化的方向发展，人工检测无论在检测精度还是检测速度方面，已不能满足生产加工的要求。随着计算机技术和信息技术广泛地应用于机械制造领域，自动化检测技术得到蓬勃发展，各种自动化检测装置应运而生，如用于尺寸、形状检测的定尺寸检测装置、三坐标测量机、激光测径仪以及气动或电动测微仪，采用电涡流方式的检测装置、机器视觉系统，主要用于表面粗糙度检测的3D表面系统，用于监测刀具磨损或破损的声发射、红外发射、探针等测量装置，及利用切削力、切削力矩、切削功率对刀具磨损进行检测的装置等。发展高效的自动检测设备，是发展自动化生产的前提条件之一。

机械加工产品的精度越来越高，表面粗糙度越来越低，因此对检测的要求也越来越高。另外，随着科学技术的不断进步，检测装置也越来越精密和功能强大。例如在尺寸精度测量装置方面，对于小尺寸测量，电容式传感器测头的分辨率可达0.1nm（量程5μm）、频响＞10kHz、线性误差＜0.1％，光电子纤维光学传感器测头的分辨率可达0.5nm（量程30μm）、线性误差5%，扫描隧道显微镜的分辨率可达0.01nm（量程20nm）；对于大尺寸测量，外差式激光干涉仪的分辨率可达1.25nm（量程±2.6m）；高精度氦氖激光干涉仪的分辨率可达0.01nm（量程2m）；光栅尺的分辨率可达10nm（量程1m）。

（二）自动检测装置的分类

自动测量装置的门类和规格繁多，有以下几种分类方法。

1. 按测量信号的转换原理分类

有电气式（电感式、互感式、电容式、电接触式和光电式等）与气动式（浮标式、波纹管式和膜片式等）。

2. 按测量头与被测物的接触情况分类

有接触式和非接触式。接触式的量头直接与工件被测表面相接触，工件被测参数的变化直接反映在量杆的移动量上，然后通过传感器转换为相应的电信号或气信号。按量头与工件表面的接触点数目又可分为单点式、两点式和三点式。非接触式的量头不与工件被测表面接触，而是借助气压、光束或放射性同位素的射线等的作用，反映被测参数的变化。这种测量方式不会因为测头和工件接触发生磨损而影响测量精度。

3. 按检测目的分类

有尺寸测量（直线长度尺寸、内外径尺寸、自由曲面弧度尺寸）、形状测量（圆度、圆柱度、同轴度、锥度、直线度、平行度、平面度、垂直度）、位置测量（孔间距、轮廓间距、孔到边缘距离）等，以及表面纹理、粗糙度的测量，这些包括了宏观和微观尺度的测量。

4. 按检测方式分类

有加工后撤至测量环境中的被动检测、在线的主动检测和在加工位置的工序间检测。从应用时间、场合上分，在自动化机床上应用的主动检验装置有零件加工前用的、加工过程中用的和加工后在机床上立刻检验用三种。

在零件加工前用的主动检验装置仅有很少的应用例子。例如生产活塞的自动化工厂，在按活塞重量修整工序中，对活塞进行预先自动称量，并根据称量结果，令活塞在机床上占据一定的加工位置，这个位置能保证切下所需的金属量。

目前，零件加工过程中的自动测量装置已得到广泛应用。加工中，测量仪与机床、刀具、工件组成闭环系统，测得的工件尺寸用作控制反馈信号，不仅能减小工艺系统的系统误差，还能减少偶然误差。

加工后用的自动补偿装置，能根据刚加工完的工件尺寸信号，判断刀具磨损情况。当尺寸超出某一界限时，令补偿机构动作，防止后面加工的工件出现废品。

加工和检验过程合一的综合自动检测系统能达到比较好的主动检测效果。通过不断报告检测结果、零件达到规定尺寸后机床自动退刀、有出废品危险时立即停车等方法，主动控制工艺过程，并对加工过程自动进行调节，对加工参量自动进行补偿。

（三）测量元件和传感器

在高性能的数控机床上都配备有位置测量元件和测量反馈控制系统。一般要求测量元件的分辨率在0.001～0.01mm之内，测量精度在±(0.002～0.02)mm/m内，并能满足数控机床以10m/min以上的最大速度移动。另外，在具有数显装置的机床上，也采用位置测量元件。

在现代化的制造系统中，接触方法最常用的是坐标测量机和三维测头。坐标测量机是由计算机控制的，它能与计算机辅助设计(CAD)、计算机辅助制造(CAM)连接在一起，构成包括计算机辅助质量控制(CAQC)在内的集成系统。三维测头可用于数控机床和机器人测量站进行自动检测。非接触方法分成光学的和非光学的两大类，光学方法涉及某些视觉系统和激光应用，非光学方法基本上都是用电场原理去感受目标特征。此外，还有超声波和射线技术。

第二节　工件加工尺寸的自动测量

工件加工尺寸精度是直接反映产品质量的指标，因此，许多自动化制造系统中都采用自动测量工件的方法来保证产品质量和系统正常运行。

一、工件尺寸的检测方法

工件加工尺寸精度的检测方法可以分为离线检测和在线检测。

(一)离线检测

离线检测的结果分为合格、报废与可返修三种。经过误差统计分析可以得到零件尺寸的变化趋势,然后通过人工干预来调整加工过程。离线检测设备在自动化制造系统中得到了广泛应用,主要有三坐标测量机、测量机器人和专用检测装置等。离线检测的周期较长,难以及时反馈零件的加工质量信息。

(二)在线检测

通过对在线检测所获得的数据进行分析处理后,利用反馈控制来调整加工过程,以保证加工精度。例如,有些数控机床上安装有激光在线检测装置,可在加工的同时测量工件尺寸,然后根据测量结果调整数控程序参数或刀具磨损补偿值,保证工件尺寸在允许范围内。在线检测又分为工序间(循环内)检测和最终工序检测:工序间检测可实现加工精度的在线检测及实时补偿;最终工序检测可实现对工件精度的最终测量与误差统计分析,找出产生加工误差的原因,并调整加工过程。在线检测是在工序内部,即工步或走刀之间,利用机床上装备的测头来检测工件的几何精度或标定工件零点和刀具尺寸。检测结果直接输入机床数控系统,由其修正机床运动参数,以此来保证工件加工质量。

在线检测的主要手段是利用坐标测量机对加工后机械零件的几何尺寸与形状、位置精度进行综合检测。坐标测量机按精度可分为生产型和精密型两大类;按自动化水平可分为手动、机动和计算机直接控制三大类。在自动化制造系统中,一般选用计算机直接控制的生产型坐标测量机。

二、工件尺寸的自动测量装置

工件尺寸、形状的在线测量是自动化制造系统中很重要的功能。从控制工件加工误差的方面考虑，工件的尺寸、形状误差可分为随机误差和系统误差两种。由被测量对象，如刀具磨损、由切削力和工件自重引起的机床变形、加工系统的热变形以及机床导轨的直线度误差等所产生的系统误差，通常难以控制。为减小这些系统误差所造成的工件加工误差，必须进行工件尺寸和形状的实时在线检测。

上述各种检测方法中，除了在磨床上采用定尺寸检测装置和摩擦轮方式以外，目前还没有可以实际使用的测量装置，而且摩擦轮方式的装置也仅是试验装置，只用于工序间检测。虽然在数控机床上，用接触式传感器测量工件尺寸的测量系统应用得很广泛，但也属于加工工序间检测或加工后检测，而且多半采用摩擦轮方式。

目前，在线检测、定尺寸检测装置多用在磨削加工设备中，这主要有三方面原因：首先，磨削加工时加工处供有大量切削液，可迅速去除磨削所产生的热量不易出现热变形；其次，现在的数控机床通常都能满足一般零件的尺寸、形状精度要求，很少需要在线检测；最后，目前开发的测量系统多为光学式的，而传感器在较恶劣的加工环境中工作不是很可靠。因此，除了定尺寸检测装置和摩擦轮方式之外，实用的工件形状、尺寸的在线检测系统还不多，它是今后需要研究的课题。实现工件尺寸的自动测量要依靠相应的测量装置。

下面以磨床的专用自动测量装置、三维测量头、激光测径仪和机器人辅助测量等测量装置为例，说明自动测量的原理和方法。

（一）磨床的专用自动测量装置

加工过程的自动检测是由自动检测装置完成的。在大批量生产条件下，只要将自动测量装置安装在机床上，操作人员不必停机就可以在加工过程中自动检测工件尺寸的变化，并能根据测得的结果发出相应的信号，控制机床的加工过程（例如变换切削用量、停止进给、退刀和停车等）。

（二）三维测量头

CMM的测量精度很高。为了保证它的高精度测量，避免因振动、环境温度变化等造成的测量误差，必须将其安装在专门的地基上和在很好的环境条件下工作。被检零件必须从加工处输送至测量机，有的需要反复输送几次，对于质量控制要求不是特别精确、可靠的零件，显然是不经济的。一个解决方法是将CMM上用的三维测量头直接安装在计算机数控机床上，该机床就能像CMM那样工作，而不需要购置昂贵的CMM，可以针对尺寸偏差自动进行机床及刀具补偿，加工精度高，不需要将工件来回运输和等待，但会占用机床的切削加工时间。

现代数控机床，特别是在加工中心类机床上，测量头平时可以安放于机床刀库中，在需要检测工件时，由机械手取出并和刀具一样进行交换，装入机床主轴孔中。工件经过高压切削液冲洗，并用压缩空气吹干后进行检测。测量杆的测头接触工件表面后，通过感应式或红外传送式传感器将信号发送到接收器，然后送给机床控制器，由控制软件对信号进行必要的计算和处理。

（三）激光测径仪

激光测径仪是一种非接触式测量装置，常用在轧制钢管、钢棒等的热轧制件生产线上。为了提高生产率和控制产品质量，必须随机测量轧制过程中轧件外径尺寸的偏差，以便及时调整轧机来保证轧件符合要求。这种方法适用于轧制时温度高、振动大等恶劣条件下的尺寸检测。

激光测径仪包括光学机械系统和电路系统两部分。其中光学机械系统由激光电源、氦氖激光器、同步电动机、多面棱镜及多种形式的透镜和光电转换器件组成；电路系统主要由整形放大、脉冲合成、填充计数部分、微型计算机、显示器和电源等组成。

在工件的形状、尺寸中，除了工件直径等宏观几何信息外，对工件的微观几何信息，如圆度、垂直度等，也需要进行自动检测。与宏观信息的在线检测相比，微观信息的在线检测还远没有达到实用的程度。目前，微观信息的检测功能还没有配备到机床上，仍是一个研究课题。根据有关资料统计分析，像直线度这样的微观信息的检测方法主要有刀口法，还有以标准导轨或平板为基础的测量法以及准直仪法，这些方法都较难实现在线检测。

(四)机器人辅助测量

随着工业机器人的发展,机器人在测量中的应用也越来越受到重视,机器人辅助测量具有在线、灵活、高效等特点,特别适合进行自动化制造系统中的工序间和过程测量。同三坐标测量机相比,机器人辅助测量造价低,使用灵活且容易入线。机器人辅助测量分为直接测量和间接测量:直接测量也称为绝对测量,它要求机器人具有较高的运动精度和定位精度,因此造价较高;间接测量也称为辅助测量,其特点是测量过程中机器人坐标运动不参与测量过程,它的任务是模拟人的动作将测量工具或传感器送至测量位置,测量机器人再对印刷电路板进行精准的测量。间接测量方法具有如下特点:①机器人可以是一般的通用工业机器人,例如在车削自动线上,机器人可以在完成上、下料工作后进行测量,而不必为测量专门设置一个机器人,使机器人在线具有多种用途;②对传感器和测量装置的要求较高,由于允许机器人在测量过程中存在运动或定位误差,由此,传感器或测量仪应具有一定的智能和柔性,能进行姿态和位置调整并独立完成测量工作。

三、加工过程的自动在线检测和补偿

(一)自动在线检测

自动线作为实现机械加工自动化的一种途径,在大批量生产领域已具有很高的生产率和良好的技术经济效果。自动线需要检测的项目很多,如要求及时获取和处理被加工工件的质量参数以及自动线本身的加工状况和设备信息,以便对设备进行调整和对工艺参数进行修正等。

自动在线检测一般是指在设备运行、生产不停顿的情况下,根据信号处理的基本原理,跟踪并掌握设备当前的运行状态,预测未来的状况,并根据实际出现的情况对生产线进行必要的调整。只有在设备运行的状态下,方能产生各种物理的、化学的信号以及几何参数的变化。通常,当这类信号和参数的变化超过一定范围时,就被认为存在异常状况,而这些信号的获取都离不开在线检测。

在机械加工的实际应用中，可根据自动在线检测应用的范围和深度不同，将自动在线检测大致分为自动检测、机床监测和自适应控制。

1. 自动检测

自动检测指主动自动检测，即加工过程中测量仪与机床、刀具、工件等设备组成闭环系统，通过在线检测装置将测得的工件尺寸变化量经过信号转换与放大后送至控制器，便于执行机构对加工过程进行控制。

2. 机床监测

检测系统利用机床上安装的传感元件获得有关机床、产品以及加工过程的信息。这类信息一般为实时输入和连续传输的信息流。机床监测的基本方法是将机床反馈来的监测数据与机床输入的技术数据相比较，并利用比较的差值对机床进行优化控制。

3. 自适应控制

自适应控制指加工系统能自动适应客观条件的变化而进行相应的自我调节。

实现在线检测的方法有两种：一种是在机床上安装自动检测装置，如磨床上的自动检测装置和自适应控制系统中的过程参数检测装置等；另一种则是在自动线中设置自动检测工位。

机械加工的在线检测，一般可分为自动尺寸测量、自动补偿测量和安全测量三种方法。

对于现代化加工中心而言，有的具有综合在线检测功能，如能够识别工件种类、检查加工余量、探测并确定工件的零基准以使加工余量均匀、检查工件的尺寸和公差、显示打印或传输关键零件的尺寸数据等。对于自动化单机来说，可具有自动尺寸测量装置和自动补偿装置，避免停机调刀，以实现高精度、高效率的自动化加工。自动检测在机械加工过程中能实时地向操作人员报告检测结果；当零件加工到规定尺寸后，机床能自动退刀。在即将出现废品时，机床可自动停机等待调整或根据测量结果自动调整刀具位置或改变切削用量。如果由具有自动尺寸测量、自动补偿测量装置的机床来组成自动线，那么该自动线也具有自动尺寸测量、自动补偿测量的功能。对于由组合机床或专用机床组成的自动线，常在自动线中的适当位置设置自动检测工位来检测尺寸精度，并在超差时报警，主要由人工对自动线进行调整。

（二）自动补偿

如要保持工件的加工精度，就必须经常停机调刀，这将会影响加工效率。尤其是自动化生产线，不仅影响全线的生产率，产品的质量也不能得到保证。因此，必须采取措施来解决加工中工件的自动测量和刀具的自动补偿问题。

所谓补偿，是指在两次换刀之间进行刀具的多次微量调整，以补偿切削刃磨损给工件加工尺寸带来的影响。每次补偿量的大小取决于工件的精度要求，即尺寸公差带的大小和刀具的磨损情况。每次的补偿量越小，获得的补偿精度就越高，工件尺寸的分散范围也越小，对补偿执行机构的灵敏度要求也越高。

根据误差补偿运动实现的方式，分为硬件补偿和软件补偿。硬件补偿是由测量系统和伺服驱动系统实现的误差补偿运动，目前多数机床的误差补偿都采用这种方式。软件补偿主要是针对像三坐标测量机和数控加工中心那样的结构复杂的设备。由于热变形会带来加工误差，因此，其补偿原理通常是：先测得这些设备因热变形产生的几何误差，并将其存入这些设备所用的计算机软件中；在设备工作时，对其构件及工件的温度进行实时测量，并根据所测结果通过补偿软件实现对设备几何误差和热变形误差的修正控制。

自动调整相对于加工过程是滞后的。为保证在对前一个工件进行测量和发出补偿信号时，后一个工件不会成为废品，就不能在工件已达到极限尺寸时才发出补偿信号，而必须建立一定的安全带，即在离公差带上、下限一定距离处，分别设置上、下警告界限。当工件尺寸超过警告界限时，计算机软件就发出补偿信号，控制补偿装置按预先确定的补偿量进行补偿，使工件回到正常的尺寸公差带中。

第三节　刀具状态的自动识别和监测

一、刀具尺寸控制系统的概念

在自动化生产中，为了缩短调刀、换刀时间，保证加工精度，提高生产效率，已广泛采用尺寸控制系统。刀具尺寸控制系统是指加工时对工件已加工表面进行在线自动检测。当刀具因磨损等原因，使工件尺寸变化而达到某一预定值时，控制装置发出指令，操纵补偿装置，使刀具按指定值进行微量位移，以补偿工件尺寸变化，使工件尺寸控制在公差范围内。

尺寸控制系统由自动测量装置、控制装置和补偿装置组成。加工后的工件由测头进行测量，其测量值传递给控制装置，控制装置将测量值与规定尺寸进行比较，获得尺寸偏差值，然后将偏差值信号转换和放大，再传递给补偿装置，补偿装置利用信号，使镗头上的镗刀产生微量位移，然后继续加工下一工件。

二、刀具补偿装置的工作原理

通常，自动补偿系统由测量装置、信号转换或控制装置和补偿装置等三部分组成。自动补偿系统的动作滞后于加工过程，为保证加工前一个工件时对后一个工件的加工不会遭受太大的影响，必须在工件达到极限尺寸前就发出补偿信号。一般应使发出补偿信号的界限尺寸在工件的极限尺寸以内，并留有一定的安全带。一般情况下，若某个工件的尺寸进入补偿带时不会立即给予补偿，而是当有连续的几个补偿信号发出时，补偿装置方会收到动作信号。

测量控制装置大多向补偿装置发出脉冲补偿信号，或者补偿装置在接收信号以后进行脉动补偿。每一次补偿量的大小决定于工件的精度要求，即尺寸公差带的大小以及刀具的磨损状况。每次的补偿量越小，获得的补偿精度越高，工件的尺寸分散度也越小。但此时对补偿执行机构的灵敏度要求也越高。当补偿装置的传动存在间隙与弹性变形以及移动部件间有较大摩擦阻力时，则很难实现均匀而准确的补偿运动。

三、刀具补偿装置的典型机构与应用

（一）镜孔刀具的自动补偿

镜刀的自动补偿方式最常用的是借助锐杆或刀夹的特殊结构来实现补偿运动。这一方式又可分为两类：

第一，利用锤杆轴线与主轴回转轴线的偏心进行补偿。

第二，利用摆杆或刀夹的弹性变形实现微量补偿。

压电晶体式自动补偿装置是一种典型的变形补偿装置，它是利用压电陶瓷的电致伸缩效应来实现刀具补偿运动的。如石英、钛酸钡等一类离子型晶体，由于结晶点阵的规则排列，在外力作用下产生机械变形时就会产生电极化现象，即在承受外力的相应两个表面上出现正负电荷，形成电位差，就是压电效应。反之，晶体在外加直流电压的作用下则会产生机械变形，即电致伸缩效应。

（二）精密丝杠螺距的自动补偿

光电码盘每转发出一定数量脉冲测量主轴回转位置，线性位移传感器（如光栅）测量溜板相应于主轴回转位置的位移，将此两组数据送入微处理器进行在线分析处理，得出车床丝杠的螺距误差数据，再送入微机进行建模。通过微处理器进行预报控制，驱动压电陶瓷车削补偿执行机构做螺距误差补偿，单个螺距误差可减少 80%，累积螺距误差可减少 99%。

第四节　自动化加工过程的检测和监控

一、监控系统的组成和功能

有效监控加工过程是实现机械制造自动化的最基本要求之一。在线监控技术涉及很多技术领域，如传感技术领域和计算机技术领域。自动化加工过程的监控系统主要由四个系统组成：信号检测系统、特征提取系统、状态识别系统和决策与控制系统。

（一）信号检测系统

机械加工时存在很多状态信号，它们以各自的方式反映加工进行的程度和状态的变化。常见的检测信号很多，如切削力、切削功率等。选择正确的检测信号是监控成功的第一步。这一信号必须能够及时而准确地反映加工状态的变化且易于实现监测，最重要的是被检信号要稳定，同样信号检测不能影响整个机械加工的进行。监控信号由相应的传感器捕获并进行预处理。

（二）特征提取系统

特征提取是基于被检信号的又一次加工，并从大量的检测信号中提取出最相关的特征参数，其目的是提高信号的信噪比，增强系统的抗干扰能力。常用的提取方式有时域法和频域法等，提取的特征参数质量将直接影响监控系统的性能和可靠性。

（三）状态识别系统

通过建立合理的识别模型，根据所获取加工状态的特征参数，将加工过程的状态进行分类判断。建模就是建立特征参数与加工状态的映射。建模方法主要有统计法、模式识别、专家系统、模糊推理判断法、神经网络法等。

（四）决策与控制系统

根据状态识别的结果，在决策模型指导下对加工状态中出现的故障做出判决，并进行相应的控制和调整，例如改变切削参数、更换刀具、改变工艺等，也可要求决策系统实时、快速、准确、适应性强。

二、刀具的自动监控

随着柔性制造系统、计算机集成制造系统等自动化加工系统的发展，对加工过程刀具的切削状态的实时在线监测越来越必要。在自动化制造系统中，设置刀具磨损、破损检测与监控装置，可以防止发生工件成批报废和设备损坏事故。刀具自动监控范围主要包括刀具寿命、刀具磨损、刀具破损以及其他形式的刀具故障。

(一)刀具寿命自动监控

刀具寿命检测原理是通过对刀具加工时间的累计,直接监控刀具的寿命。当累计时间达到预定的刀具寿命时,发出换刀信息,计算机控制系统将立即中断加工作业,或者在加工完当前工件后即停车换刀。这样,利用检测装置的定时和计数功能,便可有效地进行刀具寿命管理。还有一种建立在以功率监控为基础的统计数据上的刀具寿命监测方法,它无需预先确定刀具寿命,而是通过调用统计的“净功率-时间”曲线和可变时钟频率信号来适应不同的刀具和切削用量,实现刀具寿命监控。它能随时显示刀具使用寿命的百分数,当示值达到 100%时,表示已到临界磨损,就应给予更换。

(二)刀具磨损、破损的自动监测

长期以来,人们研究和应用了许多刀具磨损、破损的自动监测方法,大致可分为直接法和间接法两类。直接法主要包括视觉图像法、接触法和激光法。间接法主要包括切削力(扭矩)法、功率(电流)法、切削温度法、声发射法和噪声/振动分析法以及加工表面纹理与粗糙度辨识法等。在大多数切削加工过程中,刀具的磨损量往往因被工件、切屑等所遮盖而很难直接测量。因此,对刀具磨破损状态的监控,更多的是采用间接方式。

1. 监测切削力

切削过程中会产生切削力。切削力不仅是制订切削用量和设计切削机床的重要依据,也是表征切削过程的最重要特征和自动化加工中对切削过程进行监测的重要信号,可用作对切削过程进行自适应控制的重要参数。

切削力的变化是切削过程中与刀具磨损、破损状态最为密切相关的一种物理现象。切削力对刀具的破损和磨损十分敏感,在刀具磨钝或轻微破损时,切削力会逐步增大,而当刀具突然崩刃或破损时,三个方向的切削力会不同程度地增大。故可以用切削力的比值或比值的导数作为判别刀具磨破损的依据。采用切削力作为工况监测信号，具有反应迅速、灵敏度高的优点。

测力仪可用于测量动态切削力，而且能同时测量各向切削分力和扭矩。根据测力仪所应用的测量方法和测力传感器来分类，有机械的、液压的、电容的、电感的、炭堆电阻的、电阻应变片的和压电晶体等种类，其中压电晶体传感器因灵敏度高、受力变形小应用日益广泛。石英是一种各向异性的透明单晶体，外形呈六棱柱状，可根据需要将石英晶体切成不同方向和不同尺寸的晶片。不受外力时，石英晶体中质点正负电荷重心重合，晶体的总电矩为零，晶体表面不产生电荷；受外力而沿一定方向发生形变时，引起正负电荷偏离平衡位置，重心不重合而使总电矩发生改变，晶体两相对表面产生电荷现象。石英力传感器就是利用这种由于机械力的作用而产生表面电荷的效应。而不同方向切片的石英晶体，产生电荷的力作用方向不同，测力仪中的压电晶体传感器使用纵向压电效应和切向压电效应，垂直于 X 轴切成的晶片仅对垂直于晶片的力敏感而产生电荷，对切向力不敏感；垂直于 Y 轴切成的晶片仅对切向力敏感而对垂直力不敏感，故可用在多向分力的测量而避免分力的相互干扰。这类典型的切削力测量系统由测力计、电荷放大器、信号采集卡、计算机和切削力测量软件组成。压电传感器输出的电荷，经电荷放大器放大和转换，成为计算机信号采集卡可读入的电压信号，读入计算机后经专用软件处理，按需要输出测量值或绘出力的变化图形。测力仪需经事先静态和动态标定，方便将测力时的电压输出读数转换成力值。

2. 监测功率

功率监测法是通过测定主轴负荷功率或电流电压相位差及电流波形变化等来确定切削过程中刀具是否破损。刀具磨损或破损时，因切削力的增大，造成切削功率的增加，从而使机床驱动主运动的电机负载变大。

3. 监测声发射

用声发射（Acoustic Emission，AE）法来识别刀具破损也是受到关注的一种监控方法。声发射是固体材料受外力或内力作用而产生变形、破裂或相位改变时以弹性应力波的形式释放能量的一种现象。声发射信号可用压电晶体等传感器检测出来。切削加工中，刀具如果锋利，切削就轻快，刀具释放的变形能就小，AE 信号微弱；刀具磨损会使切削抗力上升，从而导致刀具的变形增大，产生高频、大幅度的增强声发射信号，破损前其 AE 信号则会急剧增加。

4. 监测振动信号

振动信号对刀具磨损和破损很敏感。像小直径的钻头和丝锥等，在加工中容易折断，故可在攻螺纹前的工位设置刀具破损自动检测，并及时报警，以防止在攻螺纹工序中出现工具破坏和成批的废品。一个加速度计被安装在刀架的垂直方向以获取和引出振动信号，信号经放大、滤波和模数转换后送入计算机进行数据处理和比较分析。当计算机判别刀具磨损的振动特征量超过允许值时，控制器就会发出换刀信号。但是，因刀具的正常磨损与异常磨损之间的界限不明确，针对各种工况不容易事先设定合适的特征量临界值，只有通过模式识别构造出判断函数并且能在切削过程中自动修正界定值，才能保证在线监控的结果正确。此外，需要正确选择振动参数以及排除切削过程中干扰因素的敏感频段。

5. 监测切削温度

切削和磨削时所消耗的功，有 97%～99%转化为热能。这些热能绝大部分由切屑、工件和刀具传出，少量以热辐射的形式向周围散发。切削热、磨削热可能引起工件变形，影响加工精度；可能使工件表面产生金相组织变化甚至烧伤，影响零件耐磨性。切削热也是引起刀具磨损的原因之一。因此，通过在线监测切削、磨削温度可以掌控加工过程，有助于实现自动化加工。

切削、磨削温度的测量方法有许多种，其中热电偶法和红外测温法应用最多。利用刀具与工件组成自然热电偶，测量刀具与工件接触面的平均温度和利用红外热像仪监控切削、磨削区温度场，是在自动化生产过程中比较有实际意义的方法。

自然热电偶法利用刀具和工件作为热电偶的两极，切削时刀具和工件接触，形成测温回路。切削时刀–工接触处温度升高，成为热端，测温电路刀具和工件引出端保持室温，为冷端，因此测温回路中产生温差电势，它反映热端和冷端的温差大小。测出温差电势的大小，并结合刀具、工件两电极材料与温差电势的标定关系，就可得到切削中刀–工接触面的平均温度。

用热电偶法测温时需注意冷端温度上升而引起的附加电势补偿问题。通过采取各种措施尽量使冷端保持低温，如采用接长杆或补偿导线，使冷端远离热端，或者测量冷端温度后进行数据补偿处理。此外，用自然热电偶测量切削温度时，需要解决将高速旋转的刀具或工件上的热电势信号导出到静态接点的问题。常用的方法是采用铜顶尖、水银集流器或电刷，但这也会引起附加电势，应对此进行补偿。

红外测温法是利用物体的热辐射特性来测量温度的，属于非接触式测温，具有测量范围大、速度快的特点。使用红外电温度计可测量刀具或工件端面某点的温度；使测温计与刀具或工件同步移动，则可动态检测某点的温度；多点布置红外点温度计，可测量刀具或工件表面的温度分布。红外温度传感器品种繁多，一些高、精、超、小系列红外测温探头只有拇指大小，测温范围却可从$-40\sim1100$℃，最小探点为1/2mm，信号输出方式有标准模拟输出和数字输出。基于计算机数据采集与处理的红外自动测温技术在自动化生产中得到广泛应用。

由于工件和刀具都不是黑体，所以应用红外测温技术时应进行标定，即需要得出被测物体表面温度与测温仪器接收红外辐射强度的关系。通常是用实验标定法。

更直接的测量刀具和工件温度分布的手段是使用红外热像仪。红外热像仪利用红外探测器和光学成像物镜接收被测目标的红外辐射能量分布，以便将不可见的红外能量转变为可见的红外热图像，热图像上的不同颜色表示被测物体表面的不同温度。目前，红外热像仪已具备红外图像和可见光图像合成功能，有些可动态监视和保存图像的热像仪，与计算机视频和图像技术结合，可用于加工过程的温度分布监视和记录。

6. 多传感器信息融合

关于刀具磨、破损状态间接检测的方法还有很多，但每种方法都有其优点和缺点。欲通过间接法得到满意的刀具磨损状态检测监控效果，需要建立比较理想的刀具磨损检测模型(对刀具状态变化反应灵敏，而对切削条件变化不敏感)，开发利用灵敏、稳定、实用的测量装置。

由于单一传感器检测技术只能提供局部信号源信息，所获得的信息量有限，抗干扰能力低，限制了监测系统可靠性的提高，刀具状态监测的信息采集正向多传感器方向发展。采用多传感器检测技术对切削过程中的刀具状态进行在线监测能提供不同的信息源，综合利用多种特征参数，较完善、精确地反映切削过程特征。它具有信息覆盖范围广、抗干扰能力强等特点。这些传感器的安装不影响机床的加工性能，并具有良好的工业应用前景。

三、加工设备的自动监控

自动化加工设备运行中因其零部件和元器件受到力、热、摩擦、磨损等多种作用，可能产生各种物理的、化学的信号以及几何参数等运行状态的不断变化，当这类信号和参数的变化超过一定范围时，即被认为存在运行异常。加工设备自动监控的目标就是检测并诊断故障，其基本方法是将加工设备反馈的监测数据与加工设备输入的技术数据相比较，并利用比较差值对加工设备展开优化控制。

对加工设备进行自动监控，首先是进行状态量的监测。状态量监测就是用适当的传感器实时监测设备运行状态参数是否在正常范围。通常监测的参数有振动(位移、速度或加速度)、温度、压力、油料成分、电压、电流、声发射等。例如，当机床等加工设备的振动幅值或振动的频谱变化值超出已知常规范围时，可能表明设备的轴承、齿轮、转轴等运动件出现磨损、破损、破裂等故障；通过监测设备的温度，可以判别机床主轴轴承等部位的配合和磨破损状态；监测油压、气压能及时预报油路、气路泄漏状况，防止夹紧力不够而出现故障；监测润滑油的成分变化可以预测轴承等运动部件出现磨损、破损现象；监测电压、电流可以掌握电子元件的工作状态以及负荷情况；监测声发射信号可以判断机床轴承、齿轮的破裂等故障。

在获得状态量监控数据流的基础上，要进行加工设备运行异常的判别，即将状态量的测量数据进行适当的信息处理，判断是否出现设备异常的信号。对于状态量逐渐变化造成运行异常的情况，可以根据其平均值进行判别。但是，在某些情况下，如果状态量的平均值不变化，而状态参数值的变化却在逐渐增大，此时，若仅根据运行状态量的平均值不能判别其是否出现异常情况，则需要根据其方差值进行判别。同样的振动数据，假如是滚动轴承损伤产生特定频率的振动，其异常现象用振动信号的方差也难以发现，这时就要找出这些数据中含有哪些频率成分，要用相关分析、谱分析等信号处理方法才能判别。

对设备的运行状态监测和状态异常的判别只能判断某台设备运转不正常，不能识别出故障发生的原因和位置，故仍难以排除故障和阻止重新出现该故障。识别故障原因是故障诊断中最难、最耗时的工作。人工智能、故障检测与诊断专家系统等被用于自动化设备的故障诊断。随着制造业的发展，加工设备结构越来越复杂精巧，越来越多学科技术综合化，对其故障的诊断技术要求也越来越高。另外，加工设备的模块化、数字化、智能化趋势也能为设备故障的诊断提供有利条件。

参考文献

[1]任小中. 机械制造装备设计[M]. 3 版. 武汉:华中科技大学出版社,2023.

[2]张大伟,赵升吨. 材料成形设备与系统:车辆制造中的应用[M]. 北京:机械工业出版社,2023.

[3]田原嫄. 数字化制造技术[M]. 西安:西安电子科学技术大学出版社,2023.

[4]杨叔子. 机械工程控制基础[M]. 武汉:华中科技大学出版社,2023.

[5]柯武龙. 自动化机构设计工程师速成宝典:规范篇[M]. 北京:机械工业出版社,2023.

[6]王峻峰,黄弢. 机械工程测控实验教程[M]. 武汉:华中科技大学出版社,2023.

[7]王舒禹,吕鑫. 深度学习入门与实践[M]. 北京:机械工业出版社,2023.

[8]田素玲,王妍玮,陈明颖. 机电传动与控制[M]. 哈尔滨:哈尔滨工业大学出版社,2023.

[9]于联周,范磊,吴超群,等. 数控机床与编程[M]. 西安:西安电子科技大学出版社,2023.

[10]陈叶娣,段来根. 多工位级进模与冲压自动化[M]. 4 版. 北京:机械工业出版社,2023.

[11]韩芳,封居强,李宁,等. 传感器与自动检测系统设计[M]. 北京:航空工业出版社,2023.

[12]刘树青. 智能制造装备创新设计[M]. 北京:机械工业出版社,2023.

[13]喻彩丽,张亚,蒋晓英. 智能检测工程[M]. 北京:机械工业出版社,2023.

[14]黄小良,冯丽,平艳玲. 机械自动化技术[M]. 长春:吉林科学技术出版社,2023.
[15]安虎平,安德麟. 机械制造装备设计[M]. 成都:西南交通大学出版社,2023.
[16]臧勇,唐友亮. 机械制造技术基础[M]. 北京:中国铁道出版社,2023.
[17]杜丽萍. 自动化生产线安装与调试[M]. 2 版. 北京:机械工业出版社,2023.
[18]程强,张彩霞,初红艳. 智能装备与产线开发及应用[M]. 北京:化学工业出版社,2023.
[19]柳青松,庄蕾. 机械制造基础[M]. 2 版. 北京:机械工业出版社,2023.
[20]杜向阳. 机械工程测试技术基础[M]. 北京:中国铁道出版社,2023.
[21]张晓林,李继平. 机械制造技术基础[M]. 北京:化学工业出版社,2023.
[22]邓朝晖,刘伟,万林林. 智能工艺设计[M]. 北京:清华大学出版社,2023.
[23]刘敏,鄢锋. 人机物共融制造模式与应用[M]. 北京:化学工业出版社,2023.
[24]马冬宝,张赛昆. 自动化生产线安装与调试[M]. 北京:机械工业出版社,2023.
[25]张智海,杨建新. 制造系统中的信息集成技术[M]. 北京:清华大学出版社,2023.
[26]彭江英,周世权,田文峰. 机械制造工艺基础[M]. 武汉:华中科技大学出版社,2022.
[27]唐方红. 机电系统控制与应用技术[M]. 武汉:华中科技大学出版社,2023.
[28]张悦,李强. 机械制造技术基础[M]. 北京:中国铁道出版社,2023.
[29]张屹,别锋锋. 控制工程基础及其应用[M]. 武汉:华中科技大学出版社,2023.
[30]邓平,万里瑞,唐茂华. 机械产品制造与设计创新研究[M]. 长春:吉林科学技术出版社,2023.